누구나 읽는 수학의 역사

숫 자 에 서   인 공 지 능 까 지

누구나 읽는 수학의 역사

안소정 지음

창비
Changbi Publishers

들어가며

수학사에서 오랫동안 풀리지 않기로 유명했던 '페르마의 마지막 정리'를 푼, 영국의 수학자 앤드루 와일스는 어릴 때 읽은 책 덕분에 이 문제에 도전할 수 있었다고 한다. 열 살 때 동네 도서관에서 에릭 T. 벨이 쓴 수학사 이야기를 읽고 나중에 커서 수학자가 되어 아무도 풀지 못한 페르마의 문제를 증명하겠다는 꿈을 갖게 되었다는 것이다. 30년 뒤 와일스는 마침내 어릴 적 꿈을 이루었다.

20여 년 전 페르마의 마지막 정리가 350년 만에 증명된 쾌거가 지구촌을 휩쓸 무렵, 나는 수학책 쓰는 일을 하고 있었다. 그러면서 누구나 쉽게 읽을 수 있는 수학사를 쓰겠다는 생각도 품었다. 이제 시간이 지나서 책으로 나오게 되니 오래 묵은 숙제를 마친 느낌이다.

수학의 역사를 알면 수학을 이해하는 데 도움이 된다. 수학이 어떻게 생겨나고 만들어졌는지 알면 어려운 수학 개념과 원리를 더 잘 이해할 수 있다. 또 수학자들의 흥미진진한 일화와 도전을 알게 되면 수학이 가깝게 느껴지고 수학과 친해질 수 있다. 와일스처럼 나중에 수학자가 되어 어려운 문제에 도전하겠다는 포부가 생길 수도 있지 않을까?

수학은 인류와 함께 시작되고 발전해 왔다. 인류가 처음 수를 세고 숫자를 만들며 시작된 수학의 역사는 인류 지성의 발전 과정이기도 하다. 수 세기부터 시작해 낮은 단계에서 점차 높은 수준으로 발전하여 지금의 현대 수학은 매우 추상적인 단계에 이르렀다. 그동안 수학은 많은 개념과 영역을 만들어 내면서 인류 문명의 발전에도 기여했다. 방정식, 좌표, 함수, 확률, 통계, 컴퓨터 등 수학에서 나온 개념과 원리는 오늘날 우리 사회에 광범위하게 쓰이고 있다.

수학의 역사에서 큰 특징은 앞서 나온 것들에 새로운 성과가 쌓이면서 학문이 넓어지고 깊어졌다는 점이다. 모든 학문은 시간이 흐르며 변화를 겪는다. 오랫동안 진리로 받아들여졌던 이론과 법칙이 세월이 흘러 잘못된 것으로 밝혀지거나 수정되기도 한다. 고대의 천체 이론과 물리 법칙도 코페르니쿠스와 갈릴레이에 의해 폐기되었다. 그러나 수학의 역사에서는 새로운 이론이 나오며 기존 이론이 잘못되었다고 폐기된 경우는 없었다. 비유클리드 기하학이 나왔어도 유클리드 이론은 그릇된 것이 되지 않고 넓어진다. 수학은 완벽한 증명을 바탕으로 한 논증 학문이기 때문에 새로운 것을 계속 만들며 높은 단계로 발전을 거듭해 간다.

그런데 새로운 수학 이론이 나왔을 때 항상 세상의 인정을 받았던 것은 아니었다. 새로운 것은 종종 비판과 공격을 받는다. 그것이 기존의 생각을 완전히 바꿀 만큼 혁명적이라면 더욱 그렇다. 기성 이론에 집착하는 사람들이 거세게 반발해 고난을 겪기도 한다. 코페르니쿠스와 갈릴레이의 이론이 그랬던 것처럼, 수학의 역사에도 당대에는 인정받지 못했으나 후대에 와서 중요한 이론이 되어 널리 쓰인 경우가 많다. 여러 고난에도 불구하고 새로운 것을 탐구하려는 수학자들의 열정과 불굴의 노력이 있었기 때문에 수학의 역사는 발전할 수 있었다.

숫자에서 컴퓨터까지, 수학의 역사에서는 끊임없이 새로운 개념과 영역이 탄생했다. 수학이 시작되고 발전한 과정은 우리가 처음 수학을 배우고 이해하는 과정과 비슷하다. 우리는 수와 연산, 도형의 성질을 배운 다음 방정식과 함수, 확률과 통계, 집합 등을 배운다. 이는 곧 수학사의 발전 과정이기도 하다. 영역의 난도 또한 낮은 단계부터 높은 단계로 수학사의 흐름을 따라 진도가 맞추어진다. 그래서 수학의 역사를 알면 수학을 공부하는 데 도움이 될 수밖에 없다.

이 책은 수학의 역사를 통해 수학 개념과 원리를 이해할 수 있도록 14가지 핵심 주제로 구성했다. 주로 학교에서 배우는 수학의 영역을 중심으로 주제를 선정했다. 수학의 역사는 시대 순서대로 쓰일 때가 많은데 그럴 경우 각 영역이 발전한 과정을 한눈에 파악하기가 쉽지 않다. 방정식만 보더라도 한 시대에만 국한된 것이 아니라 고대부터 모든 시대에 걸쳐 계속 발전해 왔다. 영역별로 살펴보는 것이 더 도움이 될 것이다. 얼핏 보면 14개 주제가 서로 관련이 없는 독립된 영역처럼 보이지만, 책을 읽다 보면 많은 연결 고리를 찾게 될 것이다.

또한 각 장의 주제는 세 부분으로 구성이 나뉜다. 도입부에서는 수학이 어떻게 탄생했는지 역사적 배경을 만화로 재미있게 그려 냈다. 그리고 본문에서는 자세한 내용과 발전 과정을 다루었고 마지막으로 오늘날 쓰임새에 대해서도 살펴본다. 이런 구성은, 사람들이 수학을 공부하며 자주 떠올리는 질문에서 출발한 것이다. 많은 사람이 수학을 왜 배우는지, 수학이 왜 필요하고 어디에 쓰이는지 묻곤 한다. 고대에도 이런 질문이 있었다. 유클리드에게 한 제자가 "도대체 수학을 배워 어디에 쓰나요?"라고 물었다. 이 물음은 오늘날 학생들의 공통된 질문이기도 하다. 이 책을 읽고 수학이 왜 만들어졌고 어떻게 쓰이는지 수학의 필요성을 알게 되었으면 한다. 그러면서 "도대체 수학이 쓰이지 않는 곳이 어디에 있는가?"라고 질문하게 되었으면 좋겠다.

청소년들이 수학을 공부하는 데 도움이 되었으면 한다. 앞으로 이공계 진학을 앞두고 있는 학생들이나, 늦게나마 수학에 관심을 가지고 공부를 시작하려는 사람들이 읽어도 좋을 것이다.

많은 사람이 읽을 수 있도록 쉽게 쓰려고 애썼다. 가능한 한 중학생들이 읽을 수 있게 내용과 수준을 고려했지만 고등학교 과정도 나온다. 전체 수학사를 다루느라 범위가 넓어져 미적분 등 어려운 내용도 넣게 되었다. 그래도 개념과 원리를 중심으로 친절하게 설명하려 했다. 방대한 주제를 다루다 보니 내용을 자세히 쓰지 못한 곳도 있다. 어려운 부분은 건너뛰고 읽어도 좋고, 나중에 읽어도 좋다. 어렵다고 낙담하거나 포기하지 않았으면 한다.

　수학을 공부하는 데 만만한 길은 없다. 수학은 추상적 사고를 바탕으로 하기 때문에, 스스로 생각해서 원리를 깨치고 이해해야만 한다. 왜 그런가, 어떻게 되는가, 다른 경우에는 어떠한가, 수학을 이해하는 데는 이런 수학적 사유 과정이 필요하다. 생각하기 귀찮아도 포기하지 않고 스스로 생각하는 힘을 기르는 것이 중요하다. 수학적 사유를 통해 수학에 재미를 느꼈으면 한다.

　사유를 즐기는 수학자들 이야기를 많이 담았다. 이들을 만나며 수학과 친해지는 시간을 가지기 바란다. 어릴 때 벨이 쓴 수학자들 이야기를 들려주신 아버지께 이 책을 바친다. 책을 보시면 좋아하실 텐데, 그리운 마음을 담아 출간 소식을 전하고만 싶다. 저자의 생각과 바람을 늘 존중해 주고, 손이 많이 가는 수학책을 만드느라 애쓴 창비 편집부에 감사드린다. 시원시원한 편집과 디자인에 재미있는 만화까지 곁들여 있으니 독자들이 수학이라는 부담을 떨쳐 내고 즐겁게 읽었으면 좋겠다.

차례

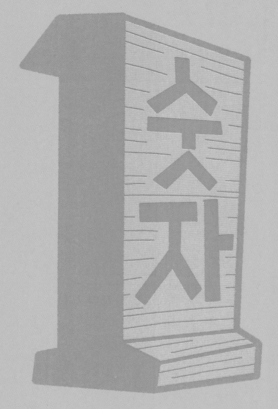

10개의 기호로 모든 수를 쓰다

❶ 양이 몇 마리인지 어떻게 세지?

> **인류가 닭 두 마리와 이틀을**
> **같은 수로 이해하기까지 수천 년이 걸렸다.**
>
> 👤 버트런드 러셀, 20세기 영국의 수학자 · 철학자

숫자가 없어도 셀 수 있을까?

옛날 사람들은 어떻게 수를 세었을까? 숫자가 없던 원시 시대에도 물건을 세고 부족원의 수를 알아야 했다. 수를 세기 시작하면서 수학이 시작되었다고 할 수 있다. 인류가 어떻게 수를 셌는지 알아보면 우리가 처음 수학을 배우는 과정을 이해할 수 있다.

　인류가 지구에서 살기 시작한 것은 지금으로부터 수십만 년 전 구석기 시대부터다. 그보다 훨씬 이전에 인류의 조상들이 나타났다고는 하지만 지금 우리와 닮은 모습은 아니었고, 현생 인류는 마지막 빙하기가 끝날 무렵 비로소 나타났다. 인류는 도구와 불을 사용하고 동물 가죽으로 옷을 만들어 입으며 지구의 혹독한 자연을 이겨 내고 살아남았

다. 그리고 구석기 시대를 지나 약 1만 년 전 신석기 시대부터 사람들은 무리를 이루어 한곳에 모여 살며 가축을 기르고 농사를 짓기 시작했다. 그러면서 가축을 세고 곡식의 양을 알기 위해서 수를 세는 방법을 찾아야 했다.

구석기 시대와 신석기 시대 사람들은 언어를 사용했으나 아직 문자가 없었다. 물론 숫자도 없었다. 문자가 없었기 때문에 역사를 기록해 놓은 것도 없어서 이 시기를 역사 이전의 시대라 하여 선사 시대라고 하며 보통 원시 시대라고 부른다.

원시 시대에도 수를 세었을까? 수를 모르고 숫자도 없었지만, 원시 시대 사람들은 여러 가지 방법으로 수를 셌다. 양을 셀 때는 양 한 마리에 돌멩이 하나를 짝지어 수를 확인하기도 했다. 그러면 비록 양이 몇 마리인지는 몰라도 자루에 담긴 돌멩이만큼 있다는 것은 알았다. 돌멩이뿐 아니라 조개껍데기, 나뭇가지를 사용하기도 했다. 이렇게 수를 세는 방법을 일대일 대응법이라고 한다. 이 방법으로 어느 한쪽의 수가 다른 쪽보다 많은지 또는 적은지를 비교할 수 있다.

그러다가 사람들은 무거운 돌 자루를 들고 다니지 않고도 좀 더 편하게 수를 셀 수 있는 방법을 찾기 시작했다. 또 수를 오래 기억하려면 기록해 두는 방법이 필요했다. 그래서 간편하게 휴대할 수 있는 물건에 눈금을 그어 수를 표시했다. 종이나 연필이 없었으므로 날카로운 도구로 동물 뼈나 나무에 눈금을 그었다. 이것이 인류가 최초로 사용했던, 수를 기록하는 방법이다.

이런 사실은 세계 곳곳에서 발견된, 눈금이 새겨진 동물 뼈를 통해

알 수 있다. 대표적인 것이 '이상고 뼈'이다. 원시 인류가 살았던 곳으로 알려진, 아프리카 콩고의 이상고 지방에서 눈금이 새겨진 약 2만 년 전 동물 뼈가 발굴되었다. 맨 왼쪽에 눈금이 3개와 6개 그어져 있고, 4개의 눈금 옆에는 그 2배인 8개의 눈금이 있다. 또 10개의 눈금 옆에는 5개의 눈금이 그어져 있다. 이를 통해 원시인들도 단순한 곱셈과 나눗셈 개념을 가지고 있었다는 것을 알 수 있다.

비슷한 유물은 더 있다. 체코에서 눈금이 5개씩 모두 55개 새겨진 동물 뼈가 발견되었다. 5개를 한 묶음으로 하여 수를 표시했음을 알 수 있다. 지금까지 알려진, 수에 대한 가장 오래된 기록은 약 37000년 전의 동물 뼈다. 아프리카 스와질란드에서 발굴된 이 뼈에는 29개의 눈금이 새겨져 있는데 달이 차고 기우는 것을 표시해 한 달을 나타낸 것으로 추측된다.

끈을 묶어 매듭을 만드는 방법도 오랫동안 쓰였다. 매듭의 굵기와 색깔에 따라 수를 여러 가지로 표현할 수 있었다. 남아메리카에는 고대 잉카인들이 사용하던 매듭 글자 '퀴푸(quipu)'가 전해지고 있다. 퀴푸로 숫자도 만들어 사용했다. 10개의 매듭을 한 단위로 자릿수를 표시했는데 매듭이 굵을수록 큰 수를 나타낸다.

다양한 방법으로 수를 나타내던 원시인들은 점차 자신의 몸을 이용하기 시작했다. 코나 귀 등을 활용하기도 했지만 가장 편리한 부위는 손가락이었다. 손가락은 잘 구부러지므로 하나씩 꼽으며 수를 셀 수 있었다. 손가락셈에서 10개를 한 묶음으로 세는 방법을 익히게 되었다. 그리고 여기에서 10을 단위로 세는 십진법 체계가 나올 수 있었다.

이렇게 수를 세고 나타내면서 원시인들은 '하나'와 '둘'을 비교한다든가 '많다' '적다' '같다'를 구분할 수 있었다. 또 '다섯' '열'처럼 수를 가리키는 말(수사)도 생겼다. 이런 수사만 알면 물건을 직접 보지 않고도 수량을 기억할 수 있다. 수가 보이거나 만져지지 않아도 추상적으로 인식할 수 있는 것이다.

이런 과정을 통해 사람들은 수에 대한 개념을 가지게 되었다. 즉 양두 마리와 사과 2개, 이틀을 같은 수라고 인식할 수 있었다. 이를 두고 나중에 20세기 영국의 수학자이자 철학자인 러셀은 "인류가 닭 두 마리와 이틀을 같은 수로 이해하기까지 수천 년이 걸렸다."라고 말했다.

원시인이 수의 개념을 가지게 된 것은 인류가 불을 사용하게 된 것

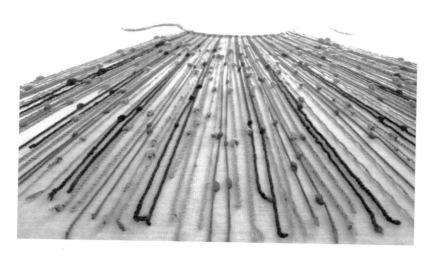

⋯ 퀴푸. 남아메리카 잉카인들이 사용한 것으로, 여러 색깔 끈에 매듭을 만들어 수를 나타냈다.

만큼이나 인류 문명에 획기적인 일이었다. 수를 인식하게 된 인류는 훗날 숫자를 만들어 사용하게 된다.

인류 문명과 함께 탄생한 숫자

원시 인류는 농사에 필요한 물을 쉽게 구할 수 있는 큰 강 하류에 주로 정착해 살았다. 농업이 발달하면서 청동기 시대에는 발달한 도시를 중심으로 고대 국가가 건설되고 문명이 발생했다. 기원전 3000년경부터 큰 강 유역에 인류의 4대 문명이 탄생했다. 이들 문명에서는 문자를 만들어 역사와 문화를 기록했는데 이때 수를 나타내는 기호, 즉 숫자도 만들어졌다.

서남아시아의 티그리스강과 유프라테스강 사이에 있는 메소포타미아 지역은 세계에서 가장 오래된 문명 발상지로, 여기에서 바빌로니아 문명이 꽃피었다. '강 사이의 땅'이라는 뜻의 메소포타미아 평원에는 그 이름에 걸맞게 진흙이 많았다. 바빌로니아인들은 진흙을 빚어 얇은 점토판을 만든 뒤 끝이 뾰족한 갈대나 나무로 찍어서 글을 썼다. 이 점토판을 말려 책을 만들거나 편지를 보내기도 했다.

바빌로니아 문자는 쐐기 모양이다. 끝이 삼각형 모양인 뾰족한 도구로 부드러운 점토판에 찍어서 썼기 때문이다. 그래서 이를 쐐기 문자(설형 문자)라고 부른다. 글자를 쓴 다음 불에 굽거나 햇빛에 말린 것들은 수천 년이 지난 지금까지도 남아 있다.

메소포타미아 지역에서 그런 점토판이 50만여 개 발견되었는데 그중 약 300개가 수학과 관련된 것이다. 계산표와 수학 문제가 적혀 있어서 고대 바빌로니아의 수학에 대해 알 수 있다.

점토판을 보면 바빌로니아인들이 사용한 숫자도 쐐기 모양이다. 쐐기 숫자는 1부터 59까지 모양을 만들어 썼는데 1은 Y 모양을 찍어서 나타냈다. Y를 1개씩 더하여 YY는 2를, YYY는 3을, 이렇게 9까지 나타낸다. 10은 쐐기를 옆으로 기울인 〈 모양으로 나타내 〈〈는 20이, 〈〈〈는 30이 된다. 이렇게 동일한 모양을 겹쳐서 1부터 59까지 나타냈고 60은 다시 1과 같은 모양인 Y로 표기했다. 그다음 숫자들도 마찬가지로 반복되었다. 즉 1부터 59까지의 숫자를 만들어 표기하고 60이 될 때는 자릿수를 하나 올린 것이다. 이렇게 자리가 하나씩 올라감에 따라 값이 60배씩 커지도록 수를 나타내는 것을 육십진법이라고 한다.

바빌로니아 숫자는 ⅄와 ⟨, 단 2개의 기호로 모든 수를 나타낼 수 있었다. 그렇다면 다음과 같이 쓴 세 자리의 바빌로니아 숫자는 어떤 수를 나타낸 것일까?

$$(1 \times 60^2) + (22 \times 60) + (59 \times 1) = 3600 + 1320 + 59 = 4979$$

이 쐐기 숫자는 지금의 수 체계로 나타내면 4979가 된다. 바빌로니아 수를 쓰려면 이처럼 60에 대한 곱셈 계산이 필요하다. 또 큰 수를 쓰기 위해서는 제곱, 세제곱 같은 거듭제곱을 표시한 지수 계산을 할 줄 알아야 한다. 이에 대한 계산표가 적힌 점토판들도 있다. 그뿐만 아니라 바빌로니아 점토판에는 정사각형의 대각선 길이와 직각삼각형의 세 변의 길이가 적힌 것들도 있다. 피타고라스의 정리를 표현한 것이다. 바빌로니아에서 수학이 발달했음을 알 수 있다.

그런데 바빌로니아인들은 왜 복잡한 육십진법을 사용했을까? 나눗셈을 편리하게 하기 위해서다. 60은 2, 3, 4, 5, 6, 10, 12, 15, 20, 30으로 나누어떨어지므로 나눗셈을 하기 쉽다. 지금 우리도 때로는 이와 같은 육십진법을 사용한다. 대표적으로 시간을 나타낼 때 60분을 1시간으로 하는 체계를 쓴다. 즉 75분은 1시간 15분으로, 바빌로니아 수 체계와 마찬가지 방법으로 나타낸다.

이집트 파피루스 수학책

메소포타미아 문명과 비슷한 시기에 아프리카 나일강 유역에서도 이집트 문명이 탄생했다. 나일 강가에는 파피루스로 불리는 갈대 풀이 많이 자랐는데 이집트인들은 이 풀을 엮어 나룻배와 생활용품을 만들었다. 또 풀 줄기를 얇게 벗겨 종이를 만들고 갈대 펜으로 글을 썼다. 메소포타미아에 풍부한 진흙처럼, 나일 강가에 흔한 갈대 풀이 훌륭한 종이 재료가 되었다.

고대 이집트에서는 물체의 형상을 본떠 만든 상형 문자를 썼다. 숫자도 모양을 만들었는데 1은 막대기, 10은 말발굽, 100은 밧줄, 1000은 연꽃을 그려 나타냈다. 10000은 집게손가락, 100000은 올챙이, 1000000은 놀라는 사람, 10000000은 태양을 그린 모양이었다. 이렇게 십진법에 따라 자릿수를 따로 만들고 수의 개수만큼 같은 그림을 반복해 썼다. 예를 들어 2345를 쓴다면 연꽃 2개, 밧줄 3개, 말발굽 4개, 막대기

··· 파피루스. 이집트의 수도 카이로에 있는 이집트박물관 입구에 심어 놓은 모습.

5개를 그린다. 만약 9000을 쓴다면 연꽃을 9개나 그려야 했다.

	∩	♀	ꝫ	ꟼ	𓆓	ꝙ	ⵔ
1	10	10^2	10^3	10^4	10^5	10^6	10^7

파피루스는 중국에서 종이가 전해지기 전까지 그리스와 로마를 비롯한 유럽에서 널리 쓰였다. 그래서 종이를 뜻하는 영어 페이퍼 (paper)의 어원이 된다. 이 파피루스를 이어 붙이면 두루마리 형태의 책이 되었다.

기원전 1650년경 이집트 서기 아메스가 쓴 파피루스 수학책을, 19세기 영국의 고고학자 헨리 린드가 발견했다. 폭 30cm, 길이 5.5m짜리 파피루스 두루마리에 수학 문제 85개가 적혀 있었다. 또 다른 파피루스 수학 문헌도 발견돼 모스크바에 보관되어 있는데, 여기에도 25개의 수학 문제가 나온다. 두 파피루스는 현재 세계에서 가장 오래된 수학책이다. 이집트 기후가 건조한 덕분에 파피루스가 4000년 가까이 썩지 않고 보존될 수 있었다.

'아메스 파피루스'와 '모스크바 파피루스'에 나오는 110개의 수학 문제는 대부분 실생활에 활용되는 문제들이다. 물건의 수량과 곡식 수확량을 계산하거나 토지 면적과 창고 크기를 측량하는 문제, 곡물의 혼합과 농도에 관한 문제 등이다. 이런 문제들을 풀기 위해 비례 계산과 방정식 풀이, 원주율, 삼각법을 다루었다.

파피루스 수학책을 통해 고대 이집트 수학에 대해 잘 알 수 있다. 이

빗줄, 100

연꽃, 1000

ⵁ 이집트 네페르티아베트 공주 무덤 벽화. 고대 이집트 벽화에 새겨진 상형 숫자를 확인할 수 있다.
맨 오른쪽 그림 중 빗줄은 100, 연꽃은 1000을 나타낸다.

⟵ 기원전 1650년경 아메스가
쓴 파피루스. 역사상 가장 오래
된 수학책으로 삼각형 토지의
면적을 구하는 문제를 설명하
고 있다.

ⵁ 이집트 서기상. 기원
전 2500년경 이집트
사카라 지역에 있는 고
대 무덤에서 나왔다.

집트인들이 어떤 방법으로 수를 표기하고 연산을 했으며 분수와 거듭제곱, 도량형 단위를 어떻게 사용했는지 알 수 있는 귀중한 자료이다.

예를 들어 아메스 파피루스에 나오는 분수 문제를 보자. 여기에서는 나눗셈을 할 때 분수를 사용했다. 그런데 $2 \div 5$를 $\frac{2}{5}$가 아닌, 다음과 같이 분수의 합으로 나타냈다.

$$2 \div 5 = \frac{1}{3} + \frac{1}{15} \qquad 2 \div 7 = \frac{1}{4} + \frac{1}{28} \qquad 2 \div 9 = \frac{1}{5} + \frac{1}{45}$$

이집트에서는 분자가 1인 분수, 즉 단위분수만 사용했다는 것을 알 수 있다. 이집트 분수는 다음과 같은 모양으로 나타냈다.

$$\frac{1}{2} \qquad \frac{1}{3} \qquad \frac{1}{4} \qquad \frac{1}{5} \qquad \frac{1}{10}$$

∶ 호루스의 눈.

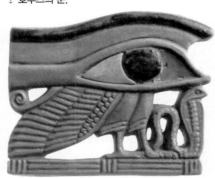

한편, 이집트 신화에 따르면 호루스 신은 싸움에서 다쳐 눈이 $\frac{1}{2}$, $\frac{1}{4}$, $\frac{1}{8}$, $\frac{1}{16}$, $\frac{1}{32}$, $\frac{1}{64}$의 단위분수로 여섯 조각이 나고 말았다고 한다. 그런데 조각난 호루스의 눈을 모두 더해 보면 $\frac{1}{64}$이 모자란다. 신화에서는 지혜의 신 토트가 흩어진 눈을 모아 다시 만들어 주며 모자란 부분을 보충해 주었다고 한다.

$$\frac{1}{2} + \frac{1}{4} + \frac{1}{8} + \frac{1}{16} + \frac{1}{32} + \frac{1}{64} = \frac{32 + 16 + 8 + 4 + 2 + 1}{64} = \frac{63}{64}$$

인도의 십진법 숫자와 0의 발명

문명이 발생한 곳에서 인류는 문자를 만들었고 숫자를 사용했다. 메소포타미아의 점토판과 이집트의 파피루스에서 볼 수 있듯이, 주로 그 지역의 환경에 맞는 재료를 이용했다. 그럼 황허 문명의 발상지인 중국에서는 무슨 재료를 썼을까? 고대 중국에서는 거북 등딱지나 동물 뼈에 문자와 숫자를 새겼다. '갑골 문자'로 불리는 이 상형 문자는 한자의 원형이 된다.

한편 중앙아메리카의 마야 문명에서는 그 지역에 풍부한 암석에 문자를 새겼고 무화과나무 속껍질로 만든 종이에 글을 썼다. 그리고 점과 선으로 된 기호로 숫자를 만들어 이십진법을 사용했다.

그런데 이런 여러 문명에서 쓴 숫자들은 모두 자릿수마다 기호가 달랐다. 수가 커질수록 새로운 모양으로 나타내거나 동일한 기호를 반복해 표기해야 했다. 그리스와 로마에서도 알파벳으로 수를 나타냈는데 역시 자릿수마다 다른 기호를 썼다. 지금 우리는 10개의 숫자로 모든 자릿수를 나타낼 수 있다. 그리고 자리가 하나씩 올라감에 따라 값이 10배씩 커지도록 수를 나타내는 십진법 체계를 쓰고 있다. 이 숫자 모양과 체계는 어디에서 온 것일까?

오늘날 전 세계가 사용하고 있는 아라비아 숫자는 인도에서 만들어졌다. 인도 숫자는 고대 힌두 문헌에 처음 쓰였는데 기원전 3세기경 아소카왕이 세운 돌기둥에서 초기의 숫자 모양을 찾을 수 있다. 인도인들은 대나무 펜에 물감을 묻혀 판자 위에 숫자를 쓰거나 모래가 깔린

판에 막대로 써서 셈을 했다.

인도 숫자는 10개의 기호로 수를 나타내는 십진법 체계였다. 1부터 9까지 기호를 먼저 만들어 사용했고, 0은 훨씬 지난 5~8세기경에 발명했다. 0이 나중에 만들어진 데에는 이유가 있다. 숫자를 만든 것은 주로 물건의 개수를 세거나 수량을 표시하기 위해서였기 때문에 '아무것도 없음'을 나타내는 기호는 꼭 필요하지 않았다. 그래서 처음에는 인도 산스크리트어로 '비어 있음'을 뜻하는 말 '수냐(sunya)'를 써서 0 대신 사용했다. 그러다가 나중에 복잡한 계산을 하거나 큰 수를 표기해야 하는 경우가 많아지면서 0을 나타내는 기호가 만들어졌다. 동그라미나 점을 찍어 0을 나타내다가 870년경에 비로소 지금의 모양과 비슷하게 표기하게 되었다. 870년경에 완성된 인도 숫자의 모양은 이러했다.

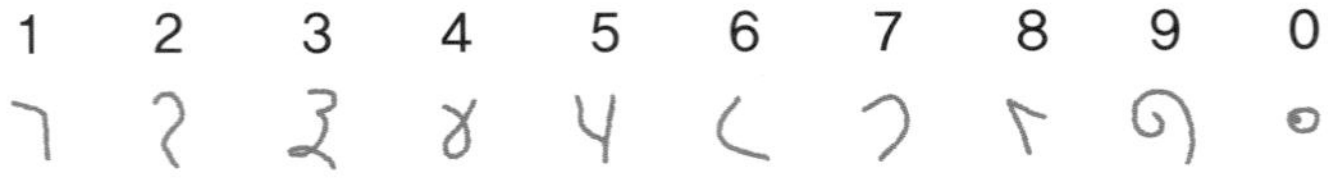

인도에서 0을 발명하기 전에도 여러 문명에는 '없음'을 나타내는 기호가 있긴 했다. 마야 문명에서는 조개껍데기 모양으로 기호를 만들어 0을 나타냈고, 바빌로니아 문명에서는 쐐기 모양을 비스듬히 찍어서 표시하기도 했다. 중국에서는 빈 공간을 두어 0을 표시했다. 하지만 이와 같은 표기는 모두 '없음'을 표시했을 뿐이고 자릿값을 나타내거나 계산에 직접 사용된 것은 아니었다.

인도의 십진법 숫자와 0을 쓰게 되면서 비로소 모든 자릿수를 나타

옛날 우리나라에서는 수를 셀 때 '산가지(산대)'라는 막대기를 사용했다. 가는 대나무 가지로 만든 막대기를 늘어놓아 수를 표기하고 계산했는데, 이를 산목[算木], 혹은 주산[籌算]이라 불렀다. 이들 글자에 대나무를 의미하는 문자(竹)가 들어간 것에서 처음에 대나무로 셈을 했음을 짐작할 수 있다. 산목에서는 십진법으로 1에서 9까지 나타냈고, 자릿수에 따라 산가지를 세로와 가로 방향으로 번갈아 놓아서 숫자를 표기했다. 0을 나타낼 때는 자리를 비워 두었고, 음수는 마지막 숫자에 빗금을 그어 나타냈다. 수를 적거나 계산을 할 때도 이런 모양의 숫자를 썼다.

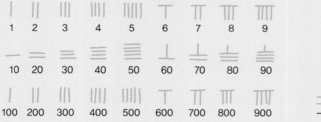

산목은 삼국 시대부터 쓰이기 시작해 근대에 아라비아 숫자가 전해질 때까지 사용되었다. 산가지의 크기는 15cm 정도였는데 그보다 작거나 훨씬 긴 것도 있었다. 우리말에 다 된 일이 틀어지는 경우를 말하는 "산통이 깨졌다"라는 표현이 있는데, 여기서 산통이 바로 산가지를 넣는 통을 가리킨다. 사람들은 산통을 가지고 다니며 언제 어디서나 사용했다. 한편 곱셈 계산에 사용하는 계산 막대도 있었다. 이 막대에는 2~9단 구구단이 적혀 있다.

↑ 곱셈 막대.
⬳ 산가지와 산통.

낼 수 있게 되었다. 예를 들어 숫자 3033은 0을 사용했기 때문에 333과 쉽게 구분할 수 있다. 또 같은 3이라도 쓰는 위치에 따라 3000, 300, 30, 3을 나타낸다. 숫자를 쓰는 위치에 따라 다른 자릿값을 갖는 것이다. 이와 같이 수를 표기하는 방법을 '위치적 기수법'이라고 한다. 이 방법에서는 0을 써서 자릿값의 위치를 나타냄으로써 모든 단위의 자릿수를 표현할 수 있다. 만약 자릿값을 0이 없이, 위치가 아니라 다른 기호로 나타낸다면 자릿값마다 다른 기호를 중복해서 나열해야 한다. 이집트 상형 숫자라면 3033을 쓸 때 막대기, 말발굽, 연꽃 모양을 3개씩 그려야 한다. 수가 커질수록 더 많은 기호가 필요하다. 하지만 인도 숫자로는 단 10개의 기호만으로 모든 수를 나타낼 수 있었다.

무엇보다 인도의 십진법 숫자는 계산하기가 편리하다는 장점이 있다. 예를 들어 2345＋6078을 계산한다면 각 자릿수끼리만 간단히 더하면 된다. 0을 사용한 덕분에 6078과 678을 헷갈리지 않고 자리를 맞춰 계산할 수 있다. 그래서 더 많은 사람이 쉽게 수를 쓸 수 있고 누구라도 연산을 할 수 있다.

이렇게 만들어진 인도 숫자는 아라비아를 거쳐 유럽까지 전해졌다. 특히 숫자는 아라비아 상인들에 의해 널리 전파되었다. 아라비아 지역을 오가며 교역하는 유럽 상인들에게 먼저 쓰이며 퍼져 나간 것이다. 또한 825년경 아라비아 수학자 알 콰리즈미가 인도의 십진법 숫자와 계산법을 설명한 책을 썼는데 이 책 내용이 13세기부터 유럽에도 알려졌다.

그런데 인도 숫자가 유럽에 처음 전해졌을 때만 해도 유럽 사람들은 잘 받아들이지 않았다. 10개의 숫자만으로 모든 수를 자유자재로 쓰고 계산도 척척 해내는 것을 보고는 속임수나 마술을 부린다고 여겼던 것이다. 또 이방의 아라비아에서 전해졌다는 이유로 쓰는 것이 금지되기도 했다.

↑ 그레고어 라이슈가 1503년 펴낸 책 『마르가리타 필로소피카』에 나오는 '산술의 여신'. 두 사람이 산술의 여신 앞에서 아라비아 숫자와 로마 주판으로 계산 대결을 펼치는 모습을 그렸다.

당시 중세 유럽에서는 알파벳으로 표기하는 로마 숫자가 쓰이고 있었다. 2000년 동안이나 사용되어 온 로마 숫자는 오른쪽으로 붙여 쓰면 덧셈을 의미하고 왼쪽으로 붙이면 뺄셈을 의미한다. 예컨대 I가 1이고 V가 5일 때 4는 IV, 6은 VI으로 표기한다. 2020년을 로마 숫자로 표기하면 MMXX이 된다.

로마 숫자의 예

I	V	X	L	C	D	M
1	5	10	50	100	500	1000

로마 숫자는 자릿수마다 표기가 달라서 계산하기가 몹시 어려웠다. 간단한 곱셈도 여러 단계를 거치며 복잡하게 계산했다. 그래서 보통 사람은 배울 수가 없었고 계산을 전문적으로 해 주는 사람이 필요했다. 그러다 이탈리아에서 상업이 발달하면서 유럽 상인들 사이에 아라비아에서 전해진 편리한 숫자가 쓰이기 시작했다. 15~16세기 르네상스

····→ 13세기 유럽 책에 쓰인 숫자 모습.

시대에 이르러서는 마침내 불편한 로마 숫자를 물리치고 아라비아 숫자가 널리 쓰이게 되었다.

그런데 인도 숫자는 유럽에 건너와 쓰이면서 모양의 변천을 겪었다. 인쇄술이 발달하지 않아서 당시에는 숫자를 모두 필사, 즉 손으로 적어야 했는데 그래서 쓰는 사람이나 지역에 따라 모양이 조금씩 달라졌다. 그렇게 계속 변하다가 16세기에 지금의 모양으로 완성되었다. 그 후 교역이 더욱 발달하면서 동양으로도 전해졌다.

| 인도 숫자의 변천 과정 |

인도	기원전 300년경	− = ≡ ⅄ Ӏ 6 7 ⊃
	870년경	ˈ ⁊ ⅃ ४ ५ ८ ⁊ ⁊ ९ ॰
동부 아라비아	8~9세기	Ӏ ٢ ٣ ٤ ٥ ٤ ٧ ٨ ٩ ·
서부 아라비아	11세기	Ӏ ٢ ٤ ٤ ٥ 6 ٦ 8 9
유럽	13세기	ʹ ٢ 3 Ω ⅃ 6 ⌒ 8 9 ॰
	16세기	Ӏ ٢ 3 4 5 6 7 8 9 ॰

인도 숫자지만 아라비아에서 전해졌기 때문에 아라비아 숫자로 불리었다. 그 명칭이 지금까지 이어져 우리도 아라비아 숫자라 부른다. 재미있게도 정작 현재 아라비아 지역에서는 모양이 다른 숫자를 쓰고

있다. 인도 숫자가 아라비아에 전해질 때 지역에 따라 그 모양이 달랐는데, 동부 아라비아에서 사용되던 모양이 지금 아랍 지역의 숫자로 남았기 때문이다. 그리고 서부 아라비아에서 사용되던 숫자가 지리적으로 가까운 유럽에 전파되어 아라비아 숫자로 불리며 우리가 아는 모양이 되었다.

인도에서 십진법 숫자와 0을 발명한 것은 수학사에 길이 남을 업적이다. 인류는 이 숫자 덕분에 단 10개의 기호로 아무리 큰 수라도 간단히 쓰고 만들 수 있게 되었다. 모든 분야에 편리한 숫자가 사용됨으로써 인류 문명은 더 발전해 나아갈 수 있었다.

아주 큰 수는 어떻게 쓸까?

앞서 말했듯 지금 우리가 쓰는 숫자는 위치에 따라 자릿값을 갖는 십진법 체계다. 단 10개의 기호로 모든 수를 표기하고 0을 사용해서 자릿값을 나타낸다. 1만은 1 다음에 0을 4개 붙여 쓰면 되고, 0을 8개 붙여 쓰면 억 단위의 수가 된다. 그리고 수를 여러 번 곱한 수는 거듭제곱을 써서 간단히 표기할 수 있다.

$$10000 = 10^4 \qquad 100000000 = 10^8$$

이보다 더 큰 수도 얼마든지 표기할 수 있다. 빛의 속도나 우주의 크기 같은 천문학적 수치도 나타낼 수 있다. 예를 들어 빛의 속도로 1년 동안 나아간 거리인 1광년은 다음과 같이 쓰면 된다.

$$9.46 \times 10^{12} km$$

거듭제곱을 사용해 표시한 이 수는 9조 4600억에 해당한다. 또 우주의 크기를 예상할 때 우주의 지름이 약 200억 광년이라고 한다면 1.89×10^{23}이라는 수로 쓸 수 있다. 이것은 자릿수가 '1000해'에 해당한다. 이처럼 상상할 수 없을 만큼 큰 수도 십진법 숫자와 0만 있으면 다 나타낼 수 있다. 만약 십진법 숫자가 만들어지지 않았다면 '조'와 '억', '해'라는 자릿수 이름을 일일이 써서 나타내야만 했을 것이다.

한편 우리가 쓰는 자릿수의 단위는 1만 배씩 곱해질 때마다 이름을 붙인다. 즉 10000의 1만 배는 0을 4개 더 붙인 1억이 되고, 1억의 1만

배는 1조(10^{12})가 된다. 그다음으로 경, 해, 자, 양, 구, 간, 정, 재, 극의 순서로 큰 수의 단위가 있다. 극은 10을 48제곱(10^{48})한 수로, 한자로 다할 극[極] 자를 써서 수의 끝으로 보았다.

그보다 더 큰 수는 인도에서 발생한 불교의 영향을 받아 이름을 붙였다. 극의 1만 배인 10^{52}은 '항하사'로 갠지스강의 모래라는 뜻이다. 강변의 모래처럼 셀 수 없이 많은 수를 표현한다. 10^{56}은 '아승지', 10^{60}은 '나유타', 10^{64}은 '불가사의', 10^{68}은 '무량대수'로 부른다. 무량대수 역시 수량을 알 수 없을 만큼 큰 수라는 뜻이다.

오늘날에는 10^{100}에 해당하는 수에 '구골(googol)'이라는 이름을 붙였다. 그리고 10을 구골 제곱한 수인 $10^{10^{100}}$는 '구골플렉스'라고 부른다. 세계적인 인터넷 검색 엔진 구글(Google)이 이름을 지을 때 바로 이 구골에서 따온 것으로 알려져 있다. 구골만큼 엄청난 수의, 방대한 정보를 얻을 수 있다는 의미에서 그런 이름을 붙였을 것이다.

기하학의 기초를 세우다

❷ 홍수로 잃은 땅 찾기

고대 이집트 도시 멤피스, 7월의 어느 밤.

대체 무슨 일이야?

저기 봐! 시리우스 별이야.

시리우스 별이 떴으니 곧 홍수가 날 거야!

며칠 후.

나일강이 넘친다! 홍수다!

여긴 비도 안 오는데 왜 매번 물이 넘치는 거야?

상류에 비가 내려서 그런 거지. 그걸 여태 모르나!

> **기하학에는 왕도가 없다.**
>
> 👤 유클리드, 고대 그리스의 수학자

토지 측량에서 나온 기하학

삼각주 ✏️

강물이 가져온 모래나 흙이 쌓여 이루어진 편평한 땅. 이등변 삼각형 모양으로 생겼다.

나일강은 아프리카 북동부를 지나 지중해로 흐르는, 세계에서 가장 긴 강이다. 이 나일강 하류에는 방대한 **삼각주** 지역이 있다. 이 삼각주는 한 변의 길이가 200km, 넓이가 20000km²에 달한다. 이 대평야가 풍요를 가져다준 덕분에 고대 이집트 문명이 발생할 수 있었다. 그래서 그리스 역사가 헤로도토스는 "이집트 문명은 나일강의 선물"이라고 말했다.

그런데 이집트에서는 해마다 여름이면 나일강이 범람했다. 정작 이집트에는 비가 내리지 않는데도 상류에 내린 비로 하류 지역인 이집트에 홍수가 났다. 고대 기록에 따르면 매년 7월 동쪽 하늘에 시리우스 별이 떠오르면 나일강이 넘치기 시작해 수도 멤피스로 물이 들어왔다고 한다. 이를 관찰하다가 이집트 사람들은 달력을 만들어 냈다.

고대 이집트인들은 시리우스 별이 매일 자리를 움직여 365일 만에 제자리에 돌아오는 것을 관찰하고는 1년을 365일로 했다. 한 달을 30일, 1년을 12개월로 했고, 여기에 5일을 더해 휴일이나 축제일로 삼았다. 이렇게 만든 달력이 세계 최초의 달력이다. 기원전 3세기에는 1년이 365일보다 조금 더 길다는 것을 알고 4년마다 하루를 더 추가했다. 윤년이 처음 만들어진 것이다. 실제로 지구의 공전 주기는 약 365.2422일로 오늘날의 달력도 4년마다 윤년을 두고 있다.

이집트인들이 달력을 만든 것은 나일강의 홍수에 대비하고 농사짓는 시기를 정하기 위해서였다. 강물이 범람할 때는 농사를 쉬었고 물이 빠지는 시기에 농사를 지었다. 또 수확하고 나면 가뭄이 오기 때문에 그 시기도 잘 대비해야 했다.

나일강 유역의 토지는 홍수 때 기름진 검은 흙이 쌓여서 농사가 잘되었다. 그런데 홍수가 끝나 강물이 빠져서 농사를 지으려고 하면 홍수로 인해 농토가 없어졌거나 땅 모양이 변해 있는 경우가 많았다. 이 때문에 문제가 발생하곤 했다. 헤로도토스가 쓴 책『역사』에 이에 관한 이야기가 나온다.

"이집트 왕은 사람들에게 사각형의 토지를 나눠 줘 농사를 짓게 하였고, 그 토지에서 얻은 수확에 대해 세금을 거두었다. 나일강에 홍수가 나서 땅이 유실되거나 농사를 망치면 백성은 왕에게 호소했고,

왕은 관리를 시켜 토지를 다시 측량해 면적을 계산하게 했다."

이 글로 고대 이집트에서 토지 측량을 했음을 알 수 있다. 홍수로 농토 모양이 변하면 땅 주인뿐만 아니라 왕에게도 큰일이었다. 수확량을 계산해 세금을 거두는 데 차질이 생기기 때문이다. 홍수가 휩쓸고 가면 땅 모양이 바뀌어 처음에 나눠 줄 때와 같지 않았다. 사각형이던 땅이 삼각형, 사다리꼴 모양이 되기도 하고 원형으로 바뀔 수도 있다. 그러면 새로 측량을 해서 땅을 잃어버린 농민에게 다시 나누어 주어야 했는데 그러자면 여러 가지 모양의 땅의 넓이를 계산할 수 있어야 한다. 우리가 학교에서 배우는 여러 가지 모양의 도형의 넓이를 구하는 계산과 같다.

이렇게 이집트에서 토지를 측량하는 과정에서 기하학이 나왔다. 기하학은 도형의 성질을 연구하는 수학의 한 부문이다. 영어 단어에는 그 뜻이 고스란히 들어 있다. 기하학을 영어로 지오메트리(geometry)라고 하는데, geo(토지)와 metry(측량)를 합친 말이다. 이 단어가 중국에 전해지면서 간단히 '지허'로 발음되었고, 그것을 한자로 표기하다 보니 幾何(기하)가 되었다. 그래서 아쉽게도 우리말 기하학에는 그 본래 의미가 들어 있지 않다.

고대 이집트 하면 누구나 **피라미드**를 떠올리는데 이 피라미드가 바로 기하학의 산물이다. 가장 큰 피라미드는 지금으로부터 4500여 년 전에 지어진 쿠푸 왕의 무덤으로, 세계 불가사의 건축물로 꼽힌다. 엄청난 무게의 돌 250만여 개를 높이 쌓아 올려 지었기 때문이다. 그때만

피라미드 🖊
'피라미드'라는 말에도 수학이 들어 있다. 피라미드(pyramid)는 각뿔을 뜻하는 수학 용어로, 밑면이 다각형이고 옆면이 삼각형인 입체도형을 말한다. 밑면의 모양에 따라 삼각뿔, 사각뿔, 오각뿔이라고 부른다. 이집트 피라미드는 밑면이 정사각형이므로 정사각뿔이다.

해도 철기, 수레, 도르래 등이 아직 발명되지 않아서 밧줄과 굴림대, 지렛대로 돌을 끌고 옮겨야 했다. 이집트인들은 세계 최초로 돛을 발명해 배를 만들어서 나일강으로 무거운 돌을 운반했다고 한다.

그런데 수백 킬로미터 떨어진 곳에서 돌을 가져왔다 해도 어떻게 무거운 돌을 높이 쌓을 수 있었을까? 역사가들에 따르면 피라미드 옆에 흙으로 쌓은 경사로를 먼저 만든 다음 무거운 돌을 밧줄로 끌어서 옮겼다고 한다. 피라미드가 높아지는 만큼 경사로도 길고 높아졌을 것이다. 그런 경사로를 만들자면 피라미드의 높이, 경사로의 각도와 길이를 자세히 계산해야 한다.

실제로 피라미드 건축에는 **큐빗**이라는 이집트 단위가 쓰였고 원주율과 황금비, 피타고라스의 정리, 삼각법 같은 수학이 활용되었다. 그 덕분에 한 치의 오차도 없이 정밀하게 지어졌다. 피라미드만 보아도 이집트 기하학이 높은 수준으로 발달했음을 알 수 있다. 앞서 설명한 파피루스 수학책에도 기하학 문제가 많이 나오는데 피라미드 건축에 이 문제들이 활용되었음을 짐작할 수 있다.

큐빗 🖊
이집트의 길이 단위. 팔꿈치에서 손끝까지 길이로 정한 것으로 약 50cm이다.

도형의 기본 정리를 증명하다

현인 🖊
지혜를 탐구하는 사람. 탈레스와 솔론 등 그리스의 7현인이 유명하다.

피라미드가 지어진 지 2000년이나 지난 기원전 6세기, 그리스의 **현인** 탈레스가 지중해를 건너 이집트의 피라미드를 보러 왔다. 그러자 이집트 왕이 탈레스에게 피라미드의 높이를 알려 달라고 했다. 오랜 시간

‡ 이집트 기자에 있는 대피라미드. 기원전 2560년경에 지은 쿠푸 왕의 무덤이다. 높이 약 146.5m, 밑변 길이가 약 230m인 정사각뿔 모양이다. 밑변의 둘레(230×4)를 높이로 나누면 2π가 되고, 밑변과 경사면이 황금비를 이룬다.

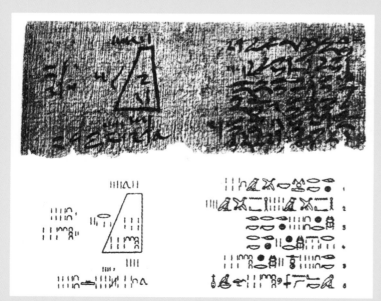

⟵ '모스크바 파피루스'의 14번째 수학 문제. "각뿔의 윗부분을 자른 사각뿔대의 높이가 6, 밑변이 4, 윗변이 2일 때 부피를 구하라."라는 문제다. 사각뿔대의 부피를 구하는 문제인데 초기 피라미드의 모양이 사각뿔대였다.

이 지난 탓에 당시에는 그 누구도 정확한 높이를 알지 못했다. 사람들이 피라미드 꼭대기에 올라가 줄을 늘어뜨려 높이를 재 보려 했지만 그렇게 잰 것은 피라미드 경사면의 길이일 뿐 높이가 아니었다.

탈레스는 막대와 그림자를 이용해 피라미드의 높이를 금방 알아냈다. 막대기를 세워 그림자 길이를 잰 다음 삼각형의 닮음의 성질을 이용했다. 즉 막대와 그림자, 피라미드와 그림자가 각각 만드는 직각삼각형이 서로 닮은 도형이 되므로 피라미드의 높이는 막대의 길이에 비례한다. 그러니 막대 길이를 재면 피라미드 높이를 알 수 있다. 탈레스는 이런 방식으로 직접 재지 않고도 피라미드 높이를 알아냈다.

막대 길이 : 막대 그림자 길이 = 피라미드 높이 : 피라미드 그림자 길이

탈레스는 기원전 624년경 소아시아의 밀레투스에서 태어났다. 이곳은 당시 가장 번성했던 그리스 이오니아 지방에 있던 도시 국가로, 이집트와 메소포타미아 지역을 이어 주는 교통과 상업의 중심지였다. 그래서 다양한 언어와 문화가 활발히 교류했고 학문이 발달했다. 이곳에서 이오니아 학문과 건축 양식이 생겨났으며 그리스 철학과 수학이 싹텄다. 탈레스와 아낙시만드로스, 헤라클레이토스 등 이오니아학파로 불리는 철학자들이 활동했다.

탈레스는 젊은 시절 상인이었는데 남다른 관찰로 큰돈을 벌었던 이야기가 지금까지 전해지고 있다. 한번은 올리브 농사가 계속 흉년인데도 탈레스는 올리브유 짜는 기계를 많이 사들였다. 그래서 사람들의 비웃음을 샀으나 곧 풍년이 와서 크게 이익을 보았다. 탈레스는 수년 동안의 기후를 관찰해 올리브의 풍년을 예견했던 것이다. 또한 탈레스는 태양과 달을 관찰하고 연구해 일식 날짜를 정확히 예측하여 사람들을 놀라게 했다. 다들 그를 현인이라 부르며 배움을 얻고자 찾아왔다.

탈레스는 "만물의 근원은 물이다."라고 말한, 그리스의 철학의 시조이자 자연 과학의 창시자로 일컬어진다. 그는 여러 곳을 돌아다니며 세상을 탐구했고 모든 사물에 의문을 가졌다. "왜 그런가?", "다른 경우에도 그런가?", "모든 경우에 항상 성립하는가?"라는 질문을 했다. 그리고 서로 모순적인 것을 따져 보고 논리적으로 증명하려 했다. 이런 학문 자세와 방법을 통해 그리스 수학이 탄생할 수 있었다. 탈레스에 의해 논증을 바탕으로 하는 수학 '이론'이 처음 만들어졌다.

그리스 시대 이전의 수학은 수치를 계산하고 실생활에 필요한 문제를 해결하는 것이었다. 이집트에서 출발한 기하학 역시 그 목적이 실용적인 문제를 풀거나 피라미드나 신전을 짓는 데 활용하는 것에 있었기 때문에 이론이 만들어지지 못했다. 그러다 그리스 수학에 와서 처음으로 체계적인 이론이 만들어질 수 있었다. 바로 논리적 증명을 통해 이론을 정립하는 것이다. 이를 시도한 최초의 수학자가 탈레스이다.

탈레스는 도형의 성질에 관한 이론을 최초로 증명했다. 그리고 다음과 같은 도형의 기본 정리 5가지를 정립했다.

1. 원은 지름에 의해 이등분된다.

2. 이등변삼각형의 두 밑각의 크기는 같다.

3. 두 직선이 만날 때 마주 보는 각의 크기는 서로 같다.

4. 반원이 만드는 원주각은 직각이다.

5. 두 각과 그 사이에 있는 변의 길이가 같은 두 삼각형은 합동이다.

명제의 기본이 되는 성질이나 옳은 사실을 바탕으로 논리적 결론을 이끌어 내는 설명을 **증명**이라 한다. 그리고 증명에 의해 옳다고 밝혀진 명제 중에서, 다른 명제를 증명할 때 기본이 되는 중요한 것을 **정리**라고 한다. 탈레스가 증명한 위의 명제들이 바로 정리이다.

탈레스는 "맞꼭지각은 서로 같다."라는 명제를 다음과 같이 증명했다. 아래 그림에서 각 a와 각 b를 더하면 $180°$이고, 각 b와 각 c를 더해도 $180°$이므로 마주 보는 각 a와 각 c도 같다고 증명했다. 따라서 맞꼭지각은 항상 서로 같다.

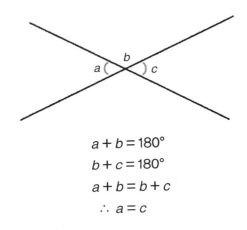

$$a + b = 180°$$
$$b + c = 180°$$
$$a + b = b + c$$
$$\therefore a = c$$

또한 탈레스는 삼각형의 닮음 성질을 이용해 바닷가에서 바다 위에 떠 있는 배까지의 거리를 알아내기도 했다. 그림과 같이 바닷가에서 배와 수직선을 그으면 두 직각삼각형이 만들어지고, 두 삼각형은 세 각이 같으므로 닮은 도형이 된다. 세 변의 길이가 비례하므로 a와 a', b와 b'의 길이가 비례한다.

따라서 a'의 길이를 구하여 바닷가에서 배까지의 거리 a를 구할 수 있다. 이렇게 하여 탈레스는 도구로 재지 않고도 거리를 알아내 사람들의 감탄을 자아냈다.

탈레스가 증명한 도형 이론은 기하학의 기본 명제들이다. 우리도 잘

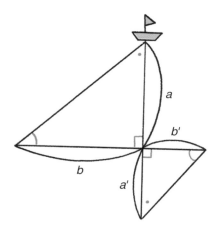

$$a : a' = b : b'$$

알고 있는, 수학의 기초가 되는 내용으로 증명이 필요 없을 정도로 당연한 것들이다. 탈레스는 이처럼 당연하고 기초적인 문제들에 근본적인 물음을 던지고 증명을 하려 했다. "왜 이등변삼각형의 두 밑각은 같은가?" "왜 마주 보는 각은 같은가?"라고 묻고는, 논리적인 방법으로 증명해 질문을 해결했다. 이렇게 해서 명백한 이론이 될 수 있었다.

수학은 모든 경우에 항상 성립하는 원리만을 이론으로 인정한다. 탈레스의 영향으로 수학 이론에서는 논리적으로 증명될 때만 명백하고 참된 명제가 될 수 있었다. 증명되지 못한 이론은 '추측'이나 '가설'로 불린다. 예를 들어 널리 알려진 '골드바흐의 추측'과 '리만 가설'은 아직까지 증명되지 못해 이론이라 부르지 않는다.

플라톤의 입체도형과 작도

탈레스의 고향 이오니아에서 싹튼 그리스 철학과 수학은 아테네에서 화려한 꽃을 피웠다. 기원전 5세기 아테네가 페르시아와 치른 전쟁에서 승리하고 문명의 황금기를 누리자, 지중해의 학자들이 아테네로 와서 학문의 뿌리를 내렸다. 이곳에서 소크라테스, 플라톤, 아리스토텔레스를 비롯한 위대한 철학자들이 활동했다.

고대 그리스 문명은 오늘날 서구 문명의 산실이자 학문의 본고장이다. 서양의 알파벳 문자가 바로 그리스 문자에서 유래했으며 철학, 수학, 과학, 예술, 건축 등의 학문과 문화 대부분이 그리스에서 비롯되었다. 서구 학문의 시초가 되는 철학(philosophy)은 '지혜를 사랑하다'라는 뜻의 그리스어에서 유래했으며, 지혜를 탐구하는 사람을 칭하는 그리스의 '현인'은 곧 철학자였다.

초기 그리스 철학자들은 주변의 자연 세계에 의문을 품고 탐구했다. 당시 사람들은 폭풍우나 지진, 화산 폭발 같은 현상이나 한낮에 갑자기 해가 없어져 온 세상이 캄캄해지는 일식의 이유를 알 수 없어서 그저 신이 일으키는 것이라고 믿었다. 그리스 철학자들은 이런 자연 현상들에 관심을 가지고 세상이 어떻게 생겨났으며 무엇으로 이루어졌는지 탐구하기 시작했다. 이로부터 그리스 철학이 생겨났다.

특히 그리스 철학자들은 세계의 본질을 탐구하고 만물은 어떻게 생성되는지를 설명하고자 했다. 탈레스는 만물의 근원을 물이라고 하였고, 헤라클레이토스는 불, 아낙시메네스는 공기라고 했다. 이것에서 세상을 구성하는 기본 물질을 물, 불, 흙, 공기라는 네 원소로 규정하고 이를 철학의 바탕으로 삼았다. 플라톤은 여기에 우주를 포함해 다섯 원소로 했다.

이러한 플라톤의 철학과 세계관은 기하학에도 표현되었다. 플라톤은 세상을 구성하는 기본 원소에 5가지 입체도형을 연결했다. 가장 단순한 정사면체는 불, 안정적인 모양의 정육면체는 흙, 바람개비처럼 생긴 정팔면체는 공기, 둥그스름한 모양의 정이십면체는 물을 상징한다고 했다. 그리고 열두 별자리를 연결 지어 정십이면체는 우주를 상징한다고 했다. 이를 '플라톤의 입체'라고 부른다.

플라톤의 다섯 입체도형은 모두 정다면체다. 정다면체는 모든 면이 합동인 정다각형이면서 각 꼭짓점에 모인 면의 수가 같은 볼록 다면체를 말한다. 정삼각형으로 정사면체, 정팔면체, 정이십면체를 만들 수 있다. 또 정사각형으로는 정육면체를, 정오각형으로는 정십이면체를 만든다. 이렇게 정다면체는 5가지만 존재하기 때문에 고대 학자들은 정다면체에 특별한 의미를 두었다.

↑ 플라톤이 생각한, 우주를 상징한다는 정십이면체. 레오나르도 다빈치가 그렸다.

'플라톤의 입체'라 불리는 다섯 정다면체

정사면체

정육면체

정팔면체

정십이면체

정이십면체

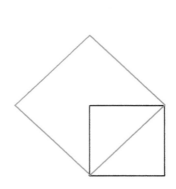

이처럼 고대 그리스 시대에는 철학과 수학이 논증 학문으로서 서로 통했다. 철학자가 곧 수학자였다. 학문이 처음 시작되던 시기여서 분야를 나누지 않고 철학과 수학을 함께 탐구했다.

플라톤은 기원전 4세기 아테네의 아카데모스 숲에 학교를 세워 철학과 수학을 가르쳤다. 플라톤의 학교는 '아카데미'로 불리며 오랜 세월 학문의 중심지가 되었다. 이 아카데미 정문에는 "기하학을 모르는 자는 이 문을 들어오지 마라."라는 글이 씌어 있었다. 플라톤이 기하학을 얼마나 중요하게 여겼는지 알 수 있다. 플라톤은 기하학의 논리적 사고 방법이 철학과 모든 학문의 기초가 된다고 강조했다.

플라톤이 쓴 『대화』에도, 플라톤의 스승인 소크라테스가 수학을 가르치는 장면이 나온다. 소크라테스는 "주어진 정사각형의 넓이의 2배가 되는 정사각형을 만들 수 있는가?"라는 질문에, 넓이가 2배인 정사각형의 한 변의 길이는 원래 정사각형의 대각선 길이와 같다고 답했다. 그러면서 길이가 2배일 때 넓이는 2배가 아니라 4배가 된다고 말한다. 아래 그림에서 소크라테스의 말이 논리적으로 증명된다.

↕ 케플러가 1596년에 만든 천체 모형으로, 가장 안쪽부터 수성, 금성, 지구 등 6개 태양계 행성이 각각 다섯 정다면체 안에 들어 있다.

입체도형이 되려면 한 꼭짓점에 모이는 면의 개수가 3개 이상이어야 하고, 한 꼭짓점에 모인 내각의 합이 360°보다 작아야 한다. 내각의 합이 360°이면 평면이 되고 360°보다 크면 다면체가 오목한 모양이 되기 때문이다.

변의 수가 가장 적은 정삼각형으로 정다면체를 만들어 보자. 정삼각형을 한 꼭짓점에 3개 모으면 정사면체가 되고, 4개는 정팔면체, 5개는 정이십면체를 만들 수 있다. 6개면 360°(60°×6)가 되므로 입체도형이 아니다.

또 정사각형을 한 꼭짓점에 3개 모아 붙이면 정육면체가 되고, 4개를 붙이면 360°(90°×4)가 되어 입체도형이 되지 않는다. 또 한 내각의 크기가 108°인 정오각형을 3개 붙이면 정십이면체를 만들 수 있고, 4개(108°×4)를 붙이면 360°보다 크므로 볼록 다면체가 아니다. 그리고 한 내각의 크기가 120°인 정육각형을 3개(120°×3) 붙이면 360°가 되어 입체도형을 만들 수 없다.

따라서 정다면체는 정삼각형으로 만든 정사면체, 정팔면체, 정이십면체와 정사각형으로 만든 정육면체, 정오각형으로 만든 정십이면체, 이렇게 5가지뿐이다.

⁝ 1510년 라파엘로가 그린 「아테네 학당」. 플라톤이 세운 아카데미의 모습을 그렸다. 가운데에 플라톤과 아리스토텔레스가 있고 피타고라스, 유클리드, 제논, 히파티아 등 고대 그리스 수학자들이 등장한다. 오른쪽 아래에 허리를 숙이고 컴퍼스로 작도를 하고 있는 사람이 유클리드이다.

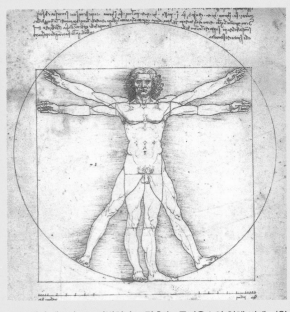

⁝ 15세기 레오나르도 다빈치가 그린 「비트루비우스의 인체 비례」. '원과 넓이가 같은 정사각형의 작도'를 표현한 그림이다.

←⋯ 「복희여와도」. 중국 신화에 나오는 신 복희와 여와가 컴퍼스와 자를 들고 있다. 중국 투루판에서 출토된 그림.

그리스 수학자들은 기하학을 연구할 때 눈금 없는 자와 컴퍼스만 사용했다. 도형을 그릴 때도 마찬가지였다. 그리스 기하학에서는 사유와 논증을 통해 이론을 추구했다. 따라서 여러 도구를 사용하는 것은 기하학이 아니라고 생각했다. 플라톤은 도구가 사유를 막고 기하학을 방해한다고 하면서 기하학에서 도구의 사용을 제한했다. 눈금을 재거나 도구로 도형을 그리는 것은 논증 학문인 기하학이 아닌, 기계를 사용한 측량 기술에 지나지 않는다고 보았다.

눈금 없는 자와 컴퍼스를 가지고 다음과 같이 선분 AB의 수직이등분선과 정삼각형을 그려 보자. 점 A, B에서 컴퍼스로 원을 그려 만나는 두 점을 이으면 수직이등분선이 된다. 또 점 A, B와 교점을 연결하면 정삼각형이 된다.

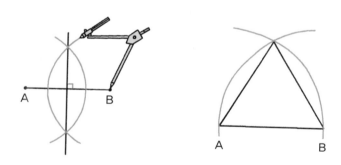

이렇게 눈금 없는 자와 컴퍼스만 사용해서 도형을 그리는 것을 '작도'라고 한다. 그리스 수학자들은 모든 도형을 작도하고자 했다. 그런데 아무리 연구해도 작도할 수 없는 문제가 3가지 있었다. 각을 삼등분하기, 원과 넓이가 같은 정사각형 만들기, 부피가 2배 큰 정육면체 만들기가 바로 그것이었다.

작도 불능 문제들

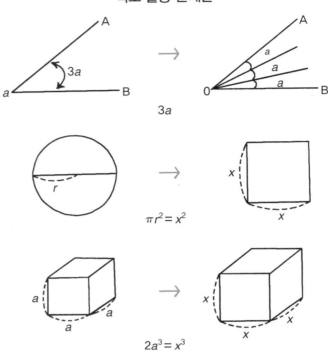

$3a$

$\pi r^2 = x^2$

$2a^3 = x^3$

 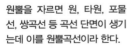
이 '작도 불능 문제'들은 그리스 시대부터 수많은 수학자가 풀기 위해 노력했으나 19세기에 작도가 불가능하다는 것이 밝혀졌다. 불가능한 문제에 2000년이나 매달렸던 것이다. 하지만 이런 노력이 아주 헛되지는 않았다. 이 문제를 연구하다가 수학 이론에서 중요한 성과를 남겨 기하학이 크게 발전할 수 있었기 때문이다. 예컨대 원과 넓이가 같은 정사각형을 작도하는 문제('원적 문제')를 연구하면서 원주율과 **원뿔곡선**, 무한히 많은 **수열**의 합을 구하는 무한급수 이론이 발전했다. 풀 수 없는 문제를 풀려는 끊임없는 노력으로 수학은 발전을 거듭할 수 있었다.

완벽하고 아름다운 도형의 비례, 황금비

　기원전 447년 아테네에서는 페르시아 전쟁에서 승리한 것을 기념하여 도시의 수호신인 아테나 파르테노스를 모신 신전을 지었다. 아크로폴리스 언덕에 세운 파르테논 신전은 46개의 거대한 기둥이 있는 웅장한 모습으로 건물의 길이가 70m에 이른다.

　파르테논 신전은 세계 문화유산으로, 고대에 지어진 매우 아름다운 건축물로 인정받고 있다. 특히 신전의 서쪽 정면은 완벽하고 아름다운 모습이다. 그 아름다움의 비결은 바로 비례에 있다. 직사각형 모양인 정면의 세로와 가로의 비가 1:1.618이고, 위와 아랫부분(삼각형 박공과 기둥)도 비의 값(비율)이 1.618이다. 이렇게 비율이 1.618(또는 약 1.6)일 때 황금비라고 한다. 건물이 황금비가 될 때 가장 아름답고 안정적으로 보인다고 한다.

⁝ 파르테논 신전의 정면은 세로와 가로, 위와 아래(삼각형 박공과 기둥)의 비율도 1.618의 황금비를 이룬다.

　기하학 발전의 영향으로 고대 그리스에서는 이처럼 도형의 비례를 중요시했다. 플라톤, 아리스토텔레스 등 그리스 철학자들은 미의 본질이 비례, 질서, 조화라고 규정했다. 그래서 그리스 건축물이나 예술품은 비례와 균형이 돋보인다. 특히 신전이나 조각상, 공예품

중에 황금비를 이용한 아름다운 작품이 많다. 조각상 중에서는 '밀로의 비너스'로 불리는 아프로디테상이 가장 아름다운 인체의 상징으로 꼽힌다. 이 조각상은 배꼽을 기준으로 상체와 하체의 비가 황금비를 이루고 있다.

그렇다면 황금비는 어떻게 구할까? 황금비가 되는 직사각형은 다음과 같이 만들 수 있다. 정사각형 ABCD에서 가로의 중점 E와 D를 이은 선분 ED를 반지름으로 하는 호를 컴퍼스로 그려서 점 F를 만나면 직사각형 ABFG가 만들어진다. 이 직사각형은 세로가 1일 때 가로의 길이가 1.618인 황금비가 된다.

즉 선분 ED와 EF의 길이가 $\frac{\sqrt{5}}{2}$로 같고, 가로 BF의 길이는 $\frac{1}{2}+\frac{\sqrt{5}}{2}$가 된다. 이를 계산하면 황금비의 값을 구할 수 있다.

황금비 직사각형 그리는 법

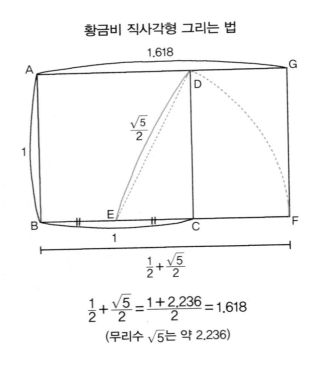

$$\frac{1}{2}+\frac{\sqrt{5}}{2}=\frac{1+2.236}{2}=1.618$$

(무리수 $\sqrt{5}$는 약 2.236)

황금비가 되는 직사각형은 지금 우리 주변에서도 흔히 찾을 수 있다. 명함이나 주민 등록증, 학생증, 신용 카드는 물론 액자, 달력, 책 등을 황금비로 만드는 경우가 많다. 신용 카드는 보통 가로 8.5cm, 세로 5.3cm인데 '가로÷세로'를 하면 비의 값이 약 1.6으로 황금비가 된다.

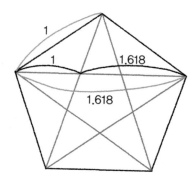

정오각형에 대각선을 그으면 1 : 1.618로 황금 분할이 된다.
대각선을 모두 그어 정오각형에 내접한 별(펜타그램)을 만들 수 있다.

기하학 교과서, 유클리드의 『원론』

그리스 기하학은 수학자 유클리드가 체계적으로 정리했다. 기원전 325년경 유클리드는 『원론』을 써서 그리스 기하학의 체계를 완성했다. 유클리드는 이집트 프톨레마이오스 왕에게도 기하학을 가르쳤는데 왕이 『원론』을 좀 더 빨리 쉽게 배울 수 없겠느냐고 묻자, 유클리드가 "기하학에는 왕도가 없다."라고 대답했다는 이야기가 지금까지 전해 온다.

우리나라에서는 가로세로의 비율이 1.414인 '금강비'를 주로 사용했다. 금강비는 다이아몬드를 말하는 금강석에서 따온 이름이다. 금강비에서는 황금비보다 간결하고 안정된 아름다움을 느낄 수 있다. 석굴암과 부석사 무량수전 같은 건축물에서 금강비를 찾을 수 있다.

무량수전은 정면 높이와 폭의 비가 1 : 1.414이고 측면의 높이와 폭의 비, 바닥면의 가로세로 비율도 1.414가 된다. 1.414는 $\sqrt{2}$에 해당하는 값이다. 또한 석굴암에서도 주실의 반지름이 12자일 때 불상의 높이를 $12\sqrt{2}$자로 했다. 비율이 $\sqrt{2}$인 것이다.

↕ 부석사 무량수전

금강비는 우리 생활에서도 흔히 찾을 수 있다. A4 용지의 규격이 210mm×297mm로, 두 변의 비율이 약 1.414이다. A4 용지는 한 변의 길이가 210mm인 정사각형의 대각선 길이로 만들어진다. 즉 한 변의 길이가 210mm, 다른 한 변의 길이는 그 정사각형의 대각선 길이인 297mm로, 길이의 비가 1 : $\sqrt{2}$이다. 다음과 같이 비의 값이 $\sqrt{2}$인 직사각형을 그릴 수 있다.

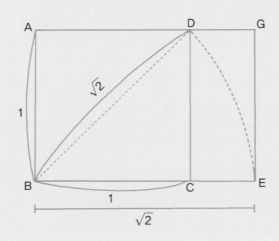

『원론』은 그때까지의 기하학을 집대성한 것으로, 모두 13권으로 되어 있다. 기하학의 기본이 되는 465개의 명제가 나오는데 유클리드는 이를 정의, 공준, 공리로 나누어 정리했다. 먼저 '정의'는 모두 23개로 점, 선, 면 등 도형에 대한 기본 개념부터 규정했다.

정의

1. 점은 부분이 없는 것이다.
2. 선은 폭이 없는 길이다.
3. 선의 양 끝은 점이다.
4. 점들이 모여 직선을 이룬다.
5. 면은 폭과 길이를 가진다.

이와 같이 용어의 뜻을 명확하게 정한 것을 그 용어의 **정의**라고 한다. 또 다른 예로 유클리드는 두 변의 길이가 같은 삼각형을 이등변삼각형이라 정의하고, 한 내각이 직각인 삼각형을 직각삼각형이라 정의했다. 『원론』의 맨 마지막 정의 23은 "평면 위에 있는 평행선을 연장하면 서로 만나지 않는다."라는, 우리가 잘 아는 평행선에 대한 정의다.

다음으로 5개의 중요한 공리를 아래와 같이 규정했다. **공리**는 명백하고 참된 명제로 다른 명제의 근본이 되는 원리를 말한다.

공리

1. 한 점에서 다른 한 점을 연결하여 오직 하나의 직선을 긋는다.

2. 선분을 연장하여 직선을 만든다.

3. 중심에서 같은 거리에 있는 원을 그린다.

4. 모든 직각은 서로 같다.

5. 두 직선이 한 직선과 만날 때 같은 쪽에 있는 두 내각의 합이 180°
보다 작으면 두 직선을 무한히 연장할 때 반드시 만난다.

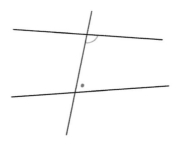

『원론』의 제1~3권은 평행선, 합동, 삼각형, 원, 피타고라스의 정리를, 제4~6권은 작도, 비례, 도형의 닮음을 다루었고, 제7~10권은 소수, 최대공약수, 수열 등 수론에 대해 다루었다. 그리고 제11~13권에서는 입체도형, 원기둥, 구를 다루었다. 이렇게 그리스 수학의 내용을 정리하고 모두 논리적으로 증명해서 이론의 체계를 만들었다. 유클리드의 정의와 공리는 기하학의 모든 명제를 이끄는 바탕이 되었다. 수학자들은 이를 기본으로 하여 새로운 이론을 만들어 낼 수 있었다.

유클리드의 『원론』은 오랫동안 가장 중요한 수학책이었으며 아라비아에도 전해져 내려왔다. 유럽에서 중세 때 『원론』이 유실되기도 했으나 아라비아에서 가져와 복원할 수 있었다. 『원론』이 처음 인쇄된 것은 1482년의 일인데 그때부터 오늘날까지 전 세계에서 수학책으로는 가장 많이

↑ 1482년 처음 인쇄된 유클리드의 『원론』.

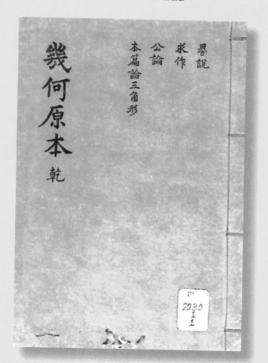
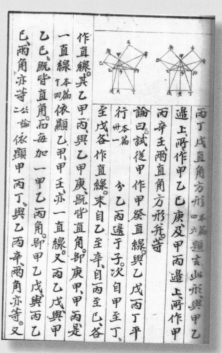

↑ 조선 후기에 나온 『기하원본』. 오른쪽은 그중 피타고라스의 정리를 설명하는 부분이다. 『기하원본』은 1607년 중국의 서광계와 이탈리아인 마테오 리치가 유클리드의 『원론』을 정리해 펴낸 책으로, 조선 후기 실학자들에게 전해져 읽혔다.

읽혔다. 2000년이 지난 지금까지도 수학 교과서의 기본이 되고 있다.

18세기 말에는 유클리드의 『원론』을 재정리한 책 『기하학 원론』이 출간되었다. 이 책이 세계 각국의 언어로 번역되었고 많은 나라에서 이 책을 바탕으로 수학 교과서를 만들었다. 특히 도형의 기본 개념과 성질을 다루는 도형 단원에서 이 책의 내용과 체계를 따르고 있다. 우리가 배우는 교과서 역시 마찬가지이다.

유레카!
수학 세상

축구공은 삼십이면체!

축구공은 다면체로 만들어진다. 현재 많이 쓰이는 축구공은 정오각형 12개와 정육각형 20개로 된 삼십이면체 모양이다. 삼십이면체 축구공은 1970년 멕시코 월드컵에서 '텔스타'라는 이름을 달고 처음 등장했으며 2002년 한일 월드컵에서도 사용되었다. 그 이전인 1960년대까지는 십사면체 축구공이 사용되었다.

삼십이면체 축구공은 정이십면체를 깎아서 만들 수 있다. 정이십면체는 20개의 정삼각형 면과 30개의 모서리, 12개의 꼭짓점으로 되어 있으며 각 꼭짓점에는 5개의 정삼각형이 모여 있다. 정삼각형 모서리를 삼등분하여 꼭짓점을 잘라 내면 정오각형 면이 생긴다. 정이십면체의 꼭짓점이 12개이므로 이와 같은 정오각형이 12개 만들어진다. 또한 꼭짓점이 잘린 정삼각형은 정육각형 모양이 되는데, 정이십면체는 정삼각형이 20개이므로 이와 같은 정육각형이 20개 생긴다.

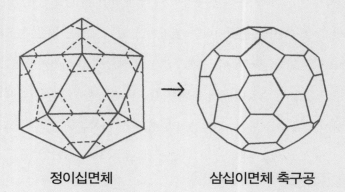

정이십면체   삼십이면체 축구공

↑ 2002년 월드컵 공식 축구공.

이렇게 하여 12개의 정오각형과 20개의 정육각형으로 된 삼십이면체 공이 만들어진다. 이 삼십이면체는 꼭짓점이 60개, 모서리가 90개로, 정이십면체보다 구에 가까운 모양이 된다. 그리고 꼭짓점과 모서리가 많아 내구성이 강해져 수많은 발길질을 견뎌 내기에 적합하다고 한다.

이렇게 정다면체를 깎아 만든, 2종류의 정다각형으로 이루어진 도형을 '준정다면체'라고 부른다. 기원전 3세기 수학자 아르키메데스는 5가지 정다면체로 만든 13개의 준정다면체를 제시했다. 축구공은 아르키메데스가 만든 이 입체도형 모델 중 하나를 기반으로 만들어졌다.

한편 1980년대에 화학자들이 축구공 모양의 탄소 분자 C_{60}을 만들었다. 꼭짓점 60개에 탄소 원자가 하나씩 배열된 이 탄소 분자에는 '세계에서 가장 작은 축구공'이라는 별명이 붙었다. C_{60}은 높은 온도와 압력에도 견딜 만큼 내구성이 강한 구조로 방사능에 대한 저항력도 크다.

축구공 모양의 준정다면체 모델은 그 외에도 여러 분야에 활용된다. 견고하여 건축물을 만들 때도 쓰이고 화장품, 의약품에 쓰이는 화학 물질이나 전자 부품을 만들 때도 쓰인다. 폭탄을 만들 때도 이 모양을 활용한다고 한다.

3 피타고라스의 정리

직각삼각형의 원리를 발견하다

③ 신전의 경사면 길이는?

뚝딱~ 뚝딱~

기원전 6세기경 그리스의 사모스섬.

제우스의 아내 헤라

여긴 내가 살던 곳이야.

위대하신 헤라님에게 걸맞은 거대한 헤라 신전을 만듭시다!

좋아요~

가자!

헤라이온 증축

경 축

그런데…

내가 계산한 길이가 맞소이다!

당치도 않는 소리! 내가 맞소!

설 계 도

저기 피타고라스 선생님께 물어보자. 사모스에서 학식이 가장 뛰어난 분이니까.

피타고라스 선생님, 안녕하세요. 신전 경사면의 길이를 구해야 하는데요….

경사면을 이루는 밑변 길이와 높이가 어떻게 되는가?

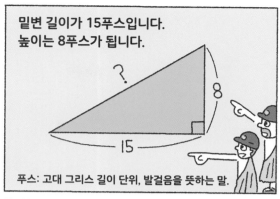

밑변 길이가 15푸스입니다. 높이는 8푸스가 됩니다.

?

8

15

푸스: 고대 그리스 길이 단위, 발걸음을 뜻하는 말.

직각을 낀 밑변과 높이가 15:8, 그럼 경사면의 길이는 17푸스야.

역시! 피 선생님!

15

직각삼각형의 세 변은 8, 15, 17이 되거든.

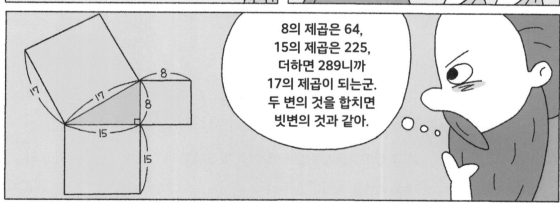

8의 제곱은 64, 15의 제곱은 225, 더하면 289니까 17의 제곱이 되는군. 두 변의 것을 합치면 빗변의 것과 같아.

17

17

8

8

15

15

역시 이론이 성립해!

어서 황소를 잡아 신에게 제사를 올려야겠어.

> **만물은 수로 이루어져 있다.**
>
> 👤 피타고라스, 고대 그리스의 철학자·수학자

피타고라스의 정리를 증명하다

피타고라스의 정리는 피타고라스가 발견한 직각삼각형에 대한 원리를 말한다. "직각삼각형에서 빗변의 제곱은 다른 두 변의 제곱을 더한 것과 같다."라는 이론이다. 피타고라스는 바닥에 깔린 타일을 보고 우연히 그 증명법을 발견했으며, 이를 발견하고 너무 기뻐 소 100마리를 잡아 기념제를 올렸다고 한다.

수학자 피타고라스는 기원전 580년경 그리스의 사모스섬에서 태어났다. 피타고라스의 아버지는 보석 가공업자로 아들이 가업을 이어받기를 바랐지만, 피타고라스는 학문을 배우고 싶어 바다 건너 밀레투스로 탈레스를 찾아갔다. 거기에서 탈레스의 제자가 되어 수학과 천문학을 배우고 이집트와 바빌로니아를 돌아다니며 지식을 쌓았다. 그 뒤에는 그리스와 이탈리아에 학교를 세워 많은 제자를 가르쳤다.

피타고라스가 세운 학교는 조금 독특한 데가 있었다. 이곳에서는 철학, 수학, 자연 과학, 음악을 가르쳤는데 피타고라스는 평등을 강조해 재산을 나누어 쓰고 여자들도 배우고 강의할 수 있게 했다. 이 학교에서는 지식을 토론하는 수업이 마테마타로 불리었는데 이 말은 나중에 수학을 뜻하는 단어 '마테마티카(mathematica)'가 되었다. 수학이라는 말이 피타고라스에 의해 만들어진 것이다.

피타고라스의 학문을 이어받은 사람들을 피타고라스학파로 불렀다. 피타고라스학파는 규율이 매우 엄격했다. 자신들이 얻은 지식을 외부에 알리지 않고 비밀로 했으며, 고기를 먹지 않고 동물의 털이나 가죽으로 만든 옷도 입지 않았다고 한다. 그런데 피타고라스의 학문을 따르는 사람이 많아져 피타고라스학파가 정치적으로도 힘이 세지자 위협을 느낀 반대 집단들이 피타고라스를 죽이고 학교를 파괴했다. 피타고라스의 제자들은 여러 도시로 흩어져 학교를 다시 세우고 피타고라스의 학문을 수백 년 동안 이어 갔다.

피타고라스의 가장 큰 수학적 업적은 피타고라스의 정리를 발견한 것이다. 피타고라스는 어떻게 타일을 보고 직각삼각형의 원리를 증명했을까? 다음과 같은 모양으로 타일이 깔려 있을 때 타일의 개수를 세어 보면 알 수 있다.

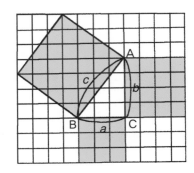

직각삼각형의 각 변을 제곱한 a^2, b^2, c^2은 각 변에 만들어지는 정사각형의 넓이와 같다. 정사각형 넓이 a^2, b^2은 타일 개수로 구하고, 빗변의 정사각형 넓이 c^2은 $(a+b)^2$에서 직각삼각형 4개를 뺀 것과 같다. 예를 들어 $a=3, b=4, c=5$일 때 타일의 수를 세어 보자.

$$a^2 = 9,\ b^2 = 16,$$
$$c^2 = (3+4)^2 - 4 \times (\tfrac{1}{2} \times 3 \times 4) = 49 - 24 = 25$$
$$a^2 + b^2 = 9 + 16 = 25$$

이렇게 해서 $a^2 + b^2 = c^2$이 성립함을 알 수 있다.

여기에서 직각삼각형의 원리를 증명할 수 있다. 직각삼각형 ABC에서 c^2을 구하면 다음과 같다.

$$c^2 = (a+b)^2 - 4 \times \frac{1}{2}ab = a^2 + 2ab + b^2 - 2ab = a^2 + b^2$$
$$\therefore\ a^2 + b^2 = c^2$$

따라서 밑변² + 높이² = 빗변²이라는 피타고라스의 정리가 성립한다.

그런데 피타고라스의 정리는 피타고라스가 처음 만든 것은 아니다. 피타고라스 이전부터 이집트와 바빌로니아는 물론 중국에서도 이미 알고 활용되어 왔다. 바빌로니아의 점토판에도 직각삼각형의 세 변의 길이를 표시한 것이 있는데 바로 피타고라스의 정리를 나타낸 것이다. 또 이집트에서는 측량사들이 12등분으로 표시된 밧줄로 길이가 3, 4, 5인 직각삼각형을 만들어 측정했다.

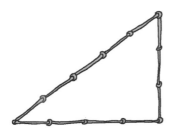

이처럼 오랜 옛날부터 직각삼각형의 세 변의 길이가 3, 4, 5일 때 $3^2+4^2=5^2$이 됨을 알았다. 이 밖에 6, 8, 10과 5, 12, 13, 그리고 8, 15, 17도 피타고라스의 정리를 만족하는 수이다. 이 정리를 만족하는 수는 얼마든지 찾을 수 있다. 피타고라스보다 훨씬 이전 시대에도

∴ 피타고라스의 고향인 그리스 사모스섬에 세워진 피타고라스 동상. 1955년에 세워진 이 동상의 직각삼각형 조형물은 피타고라스의 정리를 상징한다.

이런 원리를 이미 알고 있었다.

다만 그에 대한 증명은 이루어지지 않아서 명백한 이론은 되지 못했다. 피타고라스가 처음으로 원리를 발견하고 증명했기 때문에 수학 이론이 될 수 있었다. 그래서 '피타고라스의 정리'라는 명칭이 붙게 된 것이다.

완벽하고 아름다운 증명, 구고현

『주비산경』

동양에서 가장 오래된 수학책으로, 우리나라에도 삼국 시대에 들어와 조선 시대까지 중요한 수학 교재로 쓰였다.

중국에서는 피타고라스 이전에 직각삼각형의 원리를 발견했다고 전해 온다. 중국 수학책『주비산경』에 기원전 10세기경에 만든 '구고현' 정리가 나와 있다. 직각삼각형에서 밑변을 '구', 높이를 '고', 빗변을 '현'이라고 할 때 구²+고²=현²이 된다고 했다.

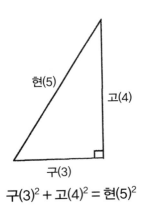

구$(3)^2$ + 고$(4)^2$ = 현$(5)^2$

피타고라스의 정리를 증명하는 방법은 400가지 이상 된다고 알려져 있다. 수많은 증명법 중에서『주비산경』에 나오는 방법이 가장 완벽하고 아름다운 것으로 세계 수학계에서 인정받고 있다. 『주비산경』에서는 수식이나 다른 설명 없이 오직 그림 한 장으로만 증명하고 있다.

그 그림에서는 구고현 정리의 기본이 되는 수 3, 4, 5를 설명하고 있는데, 정사각형 칸을 만들어 '구를 3, 고를 4라 할 때 현은 5'가 됨을 보여 준다. 피타고라스가 타일을 썼듯이 마찬가지 방법으로 그림을 보면 증명법을 이해할 수 있다.

『주비산경』의 '구고현' 그림은 다음과 같은 증명법을 나타낸다. 아래 그림에서 정사각형 ABCD의 넓이는 안에 있는 정사각형과 직각삼각형 4개의 넓이를 더한 것과 같다. 식을 전개해 보면 직각삼각형의 세 변 a, b, c에 대하여 $a^2+b^2=c^2$ 이 성립하므로 피타고라스의 정리가 증명된다. 이것은 피타고라스의 정리에 대한 가장 기본적 증명으로 우리나라 교과서에 나오는 방법과 같다.

↑ 『주비산경』에서 '구고현' 정리를 나타낸 그림.

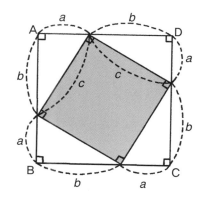

$$(a+b)^2 = c^2 + 4 \times \frac{1}{2}ab$$
$$a^2 + 2ab + b^2 = c^2 + 2ab$$
$$\therefore a^2 + b^2 = c^2$$

무리수의 발견

피타고라스의 정리를 증명한 피타고라스는 큰 고민에 빠졌다. 이 정리가 성립하는 수를 정수로만 나타낼 수 없다는 것을 발견했기 때문이다. 한 변의 길이가 1인 정사각형의 대각선 길이를 구하다가 이 사실을 발견했다. 정사각형에서는 대각선이 2개의 직각삼각형을 만들게 되고 그 직각삼각형의 빗변의 길이가 곧 대각선 길이가 된다.

밑변과 높이가 1인 직각삼각형에서 빗변의 길이를 구하면, 빗변^2=밑변^2+높이^2=1+1=2가 된다.

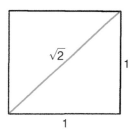

그런데 빗변^{2}이 2가 되면 빗변의 길이가 유리수가 되지 않는다. 제곱해서 2가 되는 수는 1.414213562…로 그 값이 소수점 아래로 무한히 계속된다. 이렇게 순환하지 않는 무한소수는 정수와 분수로 나타낼 수 없기 때문에 유리수가 되지 않고 무리수가 된다.

제곱하여 2가 되는 무리수는 $\sqrt{2}$로 나타낸다. 제곱하여 a가 되는 것을 a의 제곱근이라 한다. 제곱근을 나타내는 기호는 $\sqrt{}$(루트)이다. 즉 2의 제곱근은 $\sqrt{2}$이다. $\sqrt{4}$는 4가 2의 제곱이므로 유리수가 될 수 있지만, $\sqrt{2}$, $\sqrt{3}$과 같이 무한소수가 되는 것은 유리수로 나타낼 수 없으므로 무리수가 된다.

피타고라스는 세상의 모든 수는 자연수로 되어 있다고 믿었다. 그런데 자연수로 나타낼 수 없는 수가 나타나자 이 세상에 존재하지 않는 수로 보고 인정하지 않았다. 무리수는 피타고라스의 신념을 부정하는 것이었기 때문에 피타고라스학파는 무리수의 발견을 비밀로 할 것을 맹세했다. 하지만 히파수스라는 제자가 이를 어기고 다른 사람에게 말하고 말았다. 그러자 동료들이 규율을 저버린 그를 바다에 던져 죽였다고 한다. 나중에 피타고라스학파에서는 무리수의 존재를 인정했고, 무리수의 발견을 자신들의 업적에 포함해 연구했다.

모든 것은 수로 이루어져 있다

피타고라스는 수에 대해 철학적인 관점을 가지고 있었다. 그는 "만물의 근원은 수"라고 말했다. 세상의 모든 것이 수로 이루어져 있다고 생각하고 수에 이름을 붙였다. 1은 이성, 2는 여성, 3은 남성, 4는 정의라고 했으며 이 수들은 여론, 조화, 권력, 결혼과도 관련이 있다고 했다. 그리고 이 수들의 합인 10은 우주를 뜻한다고 했다. 피타고라스는 이 네 수를 만물의 기본이 되는 수라고 하며 '사원수'라고 불렀다. 피타고라스학파에서는 사원수를 중요하게 여겨 회원 맹세문에 넣기도 했다.

피타고라스는 2로 나눌 수 있는 자연수를 짝수, 2로 나눌 수 없는 자연수를 홀수라고 하여, 짝수와 홀수를 처음 만들었다. 그리고 약수의 성질을 이용해 완전수와 친화수를 찾아냈다. 완전수는 자신을 제외한 약수들의 합과 같은 수를 말한다. 예를 들어 6의 약수 중 6을 제외한 1, 2, 3의 합이 6이 된다. 그다음 완전수로는 28, 496, 8128이 밝혀졌다.

완전수의 예
$$1 + 2 + 4 + 7 + 14 = 28$$

또한 두 수가 있을 때 자신을 제외한 약수들의 합이 서로가 될 때 친화수라고 불렀다. 예를 들어 220은 자신을 뺀 약수가 1, 2, 4, 5, 10, 11, 20, 22, 44, 55, 110으로 그 합이 284이다. 또 284도 자신을 뺀 약수는 1, 2, 4, 71, 142로 그 합이 220이다. 이 경우 220과 284는 친화수가 된다. 피타고라스학파에서는 친화수가 영원한 우정을 뜻한다고 믿었으며 친구끼리 이 두 수를 적은 것을 지니고 다니기도 했다.

피타고라스는 삼각형, 사각형, 오각형 모양으로 수를 배열해 나타냈다. 삼각형 모양으로 배열된 수를 삼각수라고 부른다. 삼각수 1에 2를 더하면 삼각수 3이 되고, 거기에 3을 더하면 6이 된다. 또 4를 더하면 다음 삼각수인 10이 되고, 5를 더하면 15가 된다. 이렇게 규칙이 있기 때문에 그다음 삼각수도 알 수 있다. 15에 6을 더하면 다음 삼각수는 21이다.

| 1 | 1+2=3 | 1+2+3=6 | 1+2+3+4=10 | 1+2+3+4+5=15 |

이와 같이 삼각수는 연속하는 수를 모두 더한 합과 같다. 세 번째 삼각수 6은 연속하는 세 수 1, 2, 3을 더한 합과 같고, 네 번째 삼각수는 1, 2, 3, 4의 합이 된다. 즉 삼각수는 자연수의 합을 나타낸다. 1부터 n까지 더한 자연수의 합은 다음과 같은 공식으로 나타낸다.

$$1+2+3+4+\cdots+n = \frac{n(n+1)}{2}$$

어려운 공식 같아 보이지만 계산은 간단하다. n번째 수와 그것에 1을 더한 수를 서로 곱해서 2로 나누면 된다. 즉 네 번째 삼각수는 4와 5를 곱해서 2로 나눈 값인 10이다. 열 번째 삼각수는 10과 11을 곱해서 2로 나눈 값인 55이고, 이것은 1부터 10까지의 자연수를 더한 값이다.

피타고라스는 사각형 모양이 되는 사각수도 발견했다. 사각수는 제곱이 되는 수이다. 두 번째 사각수는 2의 제곱인 4, 세 번째 사각수는 3의 제곱인 9이다. 사각수의 특징은 연속하는 홀수를 더한 합이라는 것이다. 예를 들어 세 번째 사각수 9는 연속하는 세 홀수 1, 3, 5를 더한 합이고, 네 번째 사각수 16은 연속하는 네 홀수 1, 3, 5, 7의 합이다. 그래서 1부터 n번째까지의 홀수($2n-1$)를 더한 합은 제곱수인 n^2과 같다.

1 $1+3=2^2$ $1+3+5=3^2$ $1+3+5+7=4^2$ $1+3+5+7+9=5^2$

$$1+3+5+7+\cdots+(2n-1)=n^2$$

이와 같이 삼각수의 성질에서 자연수의 합을 구할 수 있고, 사각수의 성질에서 홀수의 합을 구할 수 있다. 그뿐만 아니라 이웃하는 두 삼각수를 합하면 사각수가 된다. 즉 삼각수 3과 6을 더하면 사각수 9가 되고, 삼각수 10과 15를 더하면 사각수 25가 된다. 이런 식으로 피타고라스는 많은 종류의 수를 만들고 수의 여러 가지 성질을 밝혔다. 세상은 수로 이루어져 있다고 생각했기 때문에 모든 것을 수로 나타내려 했다.

피타고라스는 소리나 음악도 수와 관계가 있다고 생각했다. 어느 날 대장간 옆을 지나가다가 쇠를 담금질하는 소리를 듣고는, 쇠를 치는 소리에 규칙이 있다는 것을 깨달았다. 소리는 공기의 진동으로 나오고 진동이 빠를수록 높은 소리가 난다. 즉 소리는 진동수와 관계가 있다. 피타고라스는 줄의 길이가 짧을 때 진동이 빨라져 높은 소리가 나는 것을 발견했다. 그래서 줄(현)의 길이와 소리의 관계를 알아보았다.

피타고라스가 하프의 현을 튕겨 본 다음 현의 길이를 $\frac{3}{4}$으로 줄였더니 4도 높은 음이 났다. 즉 '도'에서 '파'가 되는 것이다. 또 하프의 현을 $\frac{2}{3}$로 줄이니까 5도 높은 소리가 나서 '도'에서 '솔'이 되었다. $\frac{1}{2}$로 줄이면 8도 높은 소리가 나서 한 옥타브 높은 '도'가 된다. 반대로 줄을 $\frac{1}{2}$ 늘이면 한 옥타브 낮은 소리가 나게 되는 것도 알아냈다.

이렇게 피타고라스는 음악과 수의 관계를 발견하고 음계를 계산했다. 이 발견으로 음정이 연구되기 시작했으며 그 후 현의 길이와 음정을 정할 수 있었다.

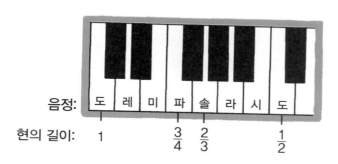

직각삼각형을 활용한 삼각비

피타고라스의 정리는 직각삼각형의 세 변에 대한 원리를 밝힌 것이다. 직각삼각형은 크기에 상관없이 각도에 따라 길이의 비가 항상 같다. 다음 그림과 같이 세 직각삼각형 ABC와 $A_1B_1C_1$, $A_2B_2C_2$는 닮은 도형이므로 길이의 비가 일정하다. 즉 빗변에 대한 높이와 밑변, 그리고 밑변에 대한 높이의 비인 $\frac{\text{높이}}{\text{빗변}}$, $\frac{\text{밑변}}{\text{빗변}}$, $\frac{\text{높이}}{\text{밑변}}$가 일정하여 항상 같은 값이다.

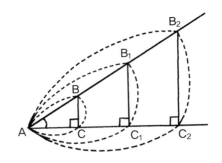

이렇게 직각삼각형의 예각에 대하여 각 변의 길이의 비를 **삼각비**라고 한다. 삼각비의 값은 항상 일정하므로 보통 표로 만들어 두고 활용한다.

예각 A를 한 각으로 하는 직각삼각형 ABC는 아래와 같이 성립한다. 이를 각 A의 사인, 코사인, 탄젠트라고 한다.

$$\sin A = \frac{\text{높이}}{\text{빗변}} \qquad \cos A = \frac{\text{밑변}}{\text{빗변}} \qquad \tan A = \frac{\text{높이}}{\text{밑변}}$$

삼각비는 오랜 옛날부터 토지를 측량하고 천체를 관측하는 데 활용되어 왔다. 일례로 기원전 3세기에 지동설을 처음 주장한 아리스타르코스는 지구에서 태양까지의 거리를 삼각비로 구하려 했다. 즉 태양과 달, 지구가 직각삼각형을 이룰 때 지구와 달 사이의 거리에 대한, 지구와 태양 사이의 거리를 비로 계산했다.

또한 기원전 2세기경 수학자이자 천문학자인 히파르코스는 삼각비를 이용하여 지구에서 달까지의 거리를 계산해 냈다. 그는 지구의 수평선에 달이 떠오르고 각도가 89°가 될 때 코사인값을 구해 지구와 달의 거리를 구했다. 이 값은, 지구 반지름이 약 6400km일 때 지구에서 달까지의 실제 거리에 가까운 값이 된다.

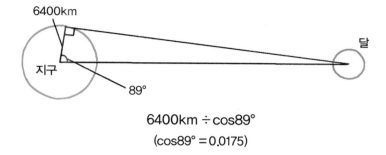

$$6400km \div cos89°$$
$$(cos89° = 0.0175)$$

히파르코스는 삼각법을 체계적으로 연구하여 삼각비에 관한 표를 만들었다. 이 표는 고대부터 천체 관측과 항해술에 중요하게 쓰였다. 1°의 오차라도 수십 킬로미터의 차이를 가져오기 때문에 삼각비의 값을 작성한 표는 매우 중요했다.

삼각비를 이용하면 직접 재지 않고도 측정할 수 있다. 건물이나 산의 높이, 강이나 도로의 길이를 재지 않고 구할 수 있다. 실제로 나폴레옹도 피타고라스의 정리와 삼각비를 이용하여 강의 너비를 구하거나 전쟁터에서 대포를 정확히 쏘았다고 알려져 있다.

오늘날 삼각비는 도로나 터널 건설 공사에 응용되어 정확한 거리와 각도를 측정하는 데에 쓰인다. 항공기가 추락했을 때 그 위치를 파악하거나 운석이 떨어진 곳의 길이를 측정하는 데도 삼각비가 활용된다. 또한 방사능, 화학 물질이 유출되어 오염된 지역이나, 화산이 폭발해 마그마가 흐르는 지점처럼 직접 가서 측정할 수 없는 곳에도 삼각비가 활용된다. 삼각비는 여러 방면에서 가장 많이 활용되는 수학 이론 중 하나이다.

피사의 사탑은 얼마나 기울었나?

이탈리아 피사에 있는 거대한 8층 종탑은 오랜 세월 기울어져 있어 피사의 사탑으로 불린다. 이 탑은 한쪽 지반이 약해 1350년에 처음 세워질 때부터 아랫부분이 내려앉고 기울어진 채 완성되었다. 그 후로도 사탑은 매년 약 1mm씩 기울어 각도가 5° 이상 기울어졌다. 탑의 길이도 원래보다 줄어들어 56m가 되었고 지상으로부터 높이도 낮아졌다.

그렇다면 지상에서 탑 꼭대기까지 높이는 얼마나 될까? 또 탑은 수

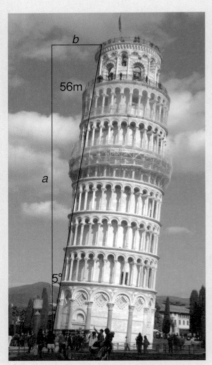

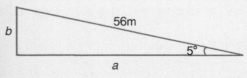

···▶ 피사의 사탑.

직선으로부터 얼마나 벗어나 기울어져 있을까?

사탑의 길이를 빗변으로 하여 직각삼각형을 그릴 수 있다. 탑의 길이
가 56m, 기울어진 각도가 5°일 때 사탑의 높이(a)와 수직선에서 벗어
난 길이(b)를 삼각비로 구할 수 있다. 삼각비 표에서 $\sin 5° = 0.0872$,
$\cos 5° = 0.9962$므로 아래와 같이 구할 수 있다.

$$\cos 5° = \frac{a}{56} \qquad \therefore\; a = \cos 5° \times 56 = 0.9962 \times 56 = 55.8\text{m}$$

$$\sin 5° = \frac{b}{56} \qquad \therefore\; b = \sin 5° \times 56 = 0.0872 \times 56\text{m} = 4.9\text{m}$$

삼각비로 구한 사탑의 높이는 약 55.8m로 탑의 실제 길이보다 약
20cm 낮아졌다. 그리고 수직선에서 약 4.9m나 벗어나 기울어져 있다.

이렇게 사탑이 계속 기운다면 21세기에 완전히 무너질 거라는 전망
도 제기되었다. 사탑은 한때 6° 이상 기울어지기도 했다. 그동안 이탈
리아 정부는 사탑에 대한 정밀 진단을 하고 탑이 기우는 것을 막는 공
사를 여러 차례 해 왔다. 시멘트를 부어 지반을 다지고 강철 로프를 매
다는 등 노력한 결과 기울기가 많이 줄어들어 각도가 4°까지 줄기도
했다.

끝없는 무한소수 π

❹ 원을 그리는 별의 운동

난 이만.
수고해~

굿 나잇!

기원전 3세기경 고대 그리스
시라쿠사섬.

벌써 날이
어두워지고 있군.
서두르자.

아르키메데스는 매일
밤하늘의 별을 관찰하고 있다.

선생님, 이러다
몸 상하십니다.

먹지도 씻지도
않으시고…
도대체 별이 뭐길래,
쯧쯧.

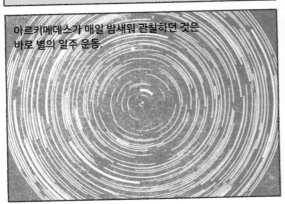

아르키메데스가 매일 밤새워 관찰하던 것은
바로 별의 일주 운동.

별은 원을 그리며,
지구의 자전과 반대 방향으로 움직인다.

드디어 아틀라스의 일곱 딸들이 떠올랐어.
사라졌던 별들이 다시 나타났어.

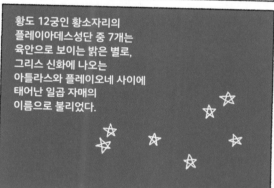

황도 12궁인 황소자리의
플레이아데스성단 중 7개는
육안으로 보이는 밝은 별로,
그리스 신화에 나오는
아틀라스와 플레이오네 사이에
태어난 일곱 자매의
이름으로 불리었다.

농사와 항해를 시작할 때가 됐군.
왕께 알려야겠어.

별이 움직인 거리를
계산하자면
원의 둘레를 알아야겠는데…

원주를 계산하려면
원주율을 정확히 알아야 해.

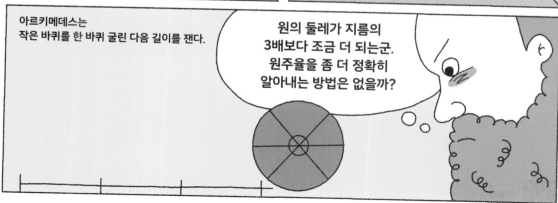

아르키메데스는
작은 바퀴를 한 바퀴 굴린 다음 길이를 쟀다.

원의 둘레가 지름의
3배보다 조금 더 되는군.
원주율을 좀 더 정확히
알아내는 방법은 없을까?

> ## 수학을 모르면 믿기지 않는 일이 된다.
>
> 👤 아르키메데스, 고대 그리스의 수학자 · 자연 과학자

원둘레는 지름에 비례

원은 평면 위의 한 점으로부터 같은 거리에 있는 점들로 이루어지는 도형이다. 원의 둘레(원주)는 원이 크건 작건 상관없이 항상 지름에 약 3.14배 비례한다. 지름과 원둘레의 비율을 **원주율**이라고 하고 기호 π(파이)로 나타낸다. π는 둘레를 뜻하는 그리스 문자에서 따온 것이다. 원주율 값은 소수점 아래로 수가 무한히 계속되는 무한소수이다.

원주율은 오래전부터 사용되었다. 옛날부터 사람들은 하늘에 뜬 태양과 달의 모양을 보고 원에 특별한 관심을 가졌다. 그리고 밤하늘의 별이 매일 원을 그리며 도는 일주 운동을 하는 것도 관찰했다. 고대 학자들은 별이 움직인 거리를 구하기 위해 원의 둘레를 계산했고 원주율

도 알게 되었다. 하지만 그 값을 정확히 알지는 못했다.

　고대에는 길이를 구할 때 바퀴처럼 생긴 기구를 굴려서 쟀다. 그러면서 원둘레가 지름의 3배 정도 된다는 것을 알았다. 바빌로니아에서는 원의 둘레가 지름의 $3\frac{1}{8}$보다 크다고 했다. 당시에는 아직 소수가 발명되지 않아 분수로 나타낸 것인데 이를 소수로 계산하면 3.125가 된다.

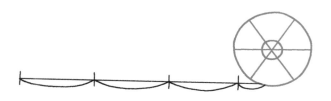

　또 이집트에서는 원의 넓이가 지름의 $\frac{8}{9}$을 한 변의 길이로 하는 정사각형의 넓이와 같다고 하며 원주율을 $\left(\frac{16}{9}\right)^2$으로 했다. 소수로는 약 3.16이다. 원주율은 이렇게 조금씩 달랐고 계산할 때는 간단히 3으로 하기도 했다.

　원주율을 최초로 정확히 구한 사람은 기원전 3세기의 아르키메데스였다. 아르키메데스는 원의 안과 밖에 정다각형을 그려서 원의 둘레를 계산했다. 원의 둘레는 내접하는 정다각형의 둘레보다 크고, 외접하는 정다각형의 둘레보다는 작다는 성질을 이용한 것이다.

⋮ 아르키메데스

다음 그림과 같이 원의 안과 밖에 정육각형을 그리면 원의 둘레는 원에 내접하는 정육각형의 둘레보다 크고, 원에 외접하는 정육각형보다는 작다. 같은 방법으로 원의 안과 밖에 정십이각형, 정이십사각형, 정사십팔각형, 정구십육각형을 그릴 수 있다.

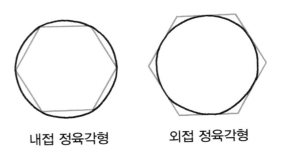

내접 정육각형   외접 정육각형

아르키메데스는 지름이 1인 원의 안과 밖에 정구십육각형을 그려서 둘레를 계산했다. 원 안의 정다각형 둘레가 $\frac{223}{71}\left(3\frac{10}{71}\right)$, 원 밖의 정다각형 둘레가 $\frac{22}{7}\left(3\frac{1}{7}\right)$라고 계산한 뒤 원의 둘레는 두 값 사이에 있고 했다. 이를 소수로 계산하면 3.1408과 3.1428 사이에 있으므로 원주율은 약 3.14가 된다.

이런 식으로 정다각형의 변의 수를 늘려 나가면 원의 둘레에 점점 가까운 값을 구할 수 있다. 아르키메데스는 이 방법으로 원주율을 더 자세히 구해 3.1416이라고 밝혔다. 소수 넷째 자리까지 구한 이 값은 그때까지 알려진 원주율 중 가장 정확한 값이다.

원주율을 이용하면 원의 넓이를 구할 수 있다. 원을 잘게 잘라서 나란히 붙여 놓으면 다음 그림과 같은 모양이 된다. 원을 더 잘게 자른다면 원호의 곡선은 가로 선분에 더 가까워져 직사각형 모양이 될 것이다. 그러면 원의 넓이는 직사각형의 넓이와 같아진다. 직사각형의 세로는 반지름(r)이고, 가로는 원의 둘레의 반인 $2\pi r \times \frac{1}{2}$이 된다.

따라서 원의 넓이는 πr^2이다. 이렇게 하면 원의 넓이를 구하는 공식이 만들어진다. 원주율 값을 정확히 알지 못해도 공식을 얻을 수 있다.

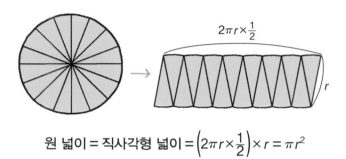

$$\text{원 넓이} = \text{직사각형 넓이} = \left(2\pi r \times \frac{1}{2}\right) \times r = \pi r^2$$

아르키메데스의 지렛대 원리

아르키메데스는 기원전 3세기 이탈리아 시칠리아섬의 시라쿠사에서 태어났다. 천문학자인 아버지에게 천문학을 배운 뒤 당시 학문의 중심지인 이집트 알렉산드리아에서 유학했다. 그곳에서 유클리드의 제자들을 만나 학문적 교류를 넓힐 수 있었다. 시라쿠사로 다시 돌아와서도 알렉산드리아에서 만났던 학자들과 편지를 주고받으며 연구하고 책을 썼다. 이때의 편지 일부가 2000년 이상 지난 오늘날까지 전해져 귀중한 학문 자료가 되어 있다.

아르키메데스는 기발한 것을 많이 만든 발명가로 알려져 있다. 이집

↕ 세계수학자대회에서 수여
되는 필즈상 메달 앞면에 새겨
진 아르키메데스의 초상.

트에 있을 때는 '아르키메데스 나선 펌프'라는, 물을 퍼 올리는 기계를 발명했는데 이 양수기는 지금까지도 농사에 쓰인다. 그는 연구에 집중하느라 먹지도 자지도 않고 생각에 잠길 때가 많았고 목욕을 하다가도 답이 생각나면 바로 뛰쳐나왔다. 한번은 시라쿠사 왕이 새로 만든 왕관이 순금인지 알아봐 달라고 했는데 목욕탕에서 욕조의 물이 넘치는 것을 보고 그 방법을 알아내고는 "유레카." 하고 외치며 옷을 벗은 채 거리로 뛰어나갔다.

이때 아르키메데스는 '물체를 액체에 넣었을 때 그 물체가 밀어낸 액체의 무게만큼 부력을 받는다'라는 부력의 원리를 발견했다. 사람이 물속에 들어가면 자기 몸의 부피만큼의 물을 밀어내게 되고 무게도 가벼워진다. 아르키메데스가 왕관을 물속에 넣어 보니 순금을 넣었을 때보다 더 많은 양의 물이 넘쳤다. 이를 통해 왕관이 순금이 아님을 밝힐 수 있었고, 넘친 물의 부피를 측정해 은이 얼마나 섞였는지도 정확히 알아냈다.

또한 아르키메데스는 지렛대 원리를 이용해서 큰 배를 들어 움직이기도 했다. 지렛대는 고대부터 무거운 물건을 드는 데 중요한 도구로 쓰였다. 지렛대의 한쪽에 힘을 주면 다른 쪽의 물체에 힘이 작용해 물체를 들어 올린다. 이 원리를 이용하면 힘을 덜 들이고도 무거운 물체를 거뜬히 들어 올릴 수 있다. 지렛대 원리를 밝힌 아르키메데스는 "나에게 지렛대를 주면 지구도 들어 올릴 수 있다. 저 달도 움직여 보이겠다."라며 큰소리를 쳤다.

그림에서와 같이 지렛대는 작용점, 받침점, 힘점으로 구성된다. 힘점 (P)에서 받침점(O)까지의 거리를 멀리 하면 작용점(Q)에 더욱 큰 힘을 가할 수 있어, 작은 힘으로도 무거운 물체를 들어 올리는 것이다.

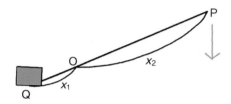

받침점에서 떨어진 두 지점에 작용하는 힘을 F_1, F_2, 두 지점에 이르는 거리를 x_1, x_2라고 할 때 다음과 같은 지렛대 법칙의 공식이 성립한다. 아르키메데스가 만든 이 공식은 인류가 발견한 10대 수학 공식으로 꼽힐 만큼 중요하게 쓰인다.

$$F_1 x_1 = F_2 x_2$$

이때 두 지점에 가해지는 힘은 받침점에서 두 지점에 이르는 거리에 반비례한다. 즉 받침점에서 멀리 떨어질수록 작용하는 힘이 커진다. 그래서 지렛대가 길수록 작은 힘만으로도 큰 힘을 작용시킬 수 있다. 이 원리를 이용해 만든 물건은 우리 주변에도 많다. 가위, 집게, 손톱깎이, 굴착기 등이 그 예이며, 젓가락질을 할 때도 지렛대 원리가 쓰인다. 또 사람의 팔다리도 팔꿈치와 무릎이 받침점 역할을 하며 지렛대 원리로 움직인다.

지렛대 원리는 저울에서도 찾을 수 있다. 저울에서 팔의 길이와 추의 무게는 서로 반비례한다. 무게가 무거울수록 팔의 길이를 짧게 해야 저울이 평형을 이룬다. 저울의 중심에서 떨어진 거리를 a, b라 하고, 추의 무게를 A, B라 할 때 지렛대와 같은 원리가 성립한다.

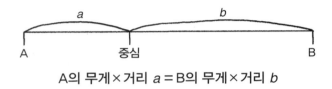

A의 무게×거리 a = B의 무게×거리 b

아르키메데스는 고향 시라쿠사가 바다 건너 로마의 침략을 받을 때마다 기발한 무기를 발명해 로마군을 무찔렀다. 커다란 렌즈로 햇빛을 반사시켜 로마군의 배를 불태우거나 긴 기중기로 배를 들어 올려 부수었고 돌을 쏘아 날리는 기계를 발명하기도 했다. 이런 무기들에 번번이 당하면서도 로마 장군 마르켈루스는 아르키메데스를 "100개의 눈을 가진 거인"이라며 감탄했다. 그리스 신화에는 시라쿠사에 눈과 팔이 각각 100개인 거인이 살고 있다는 이야기가 나오는데 그에 빗댄 것이다.

아르키메데스는 기원전 212년 시라쿠사가 로마군에 점령당했을 때 숨졌다. 그때 아르키메데스는 모래판에 도형을 그리며 수학 연구에 몰두하고 있었다. 로마 병사가 모래판을 짓밟자 "내 도형을 밟지 마라." 라고 외쳤다고 한다. 이는 평생토록 도형을 연구한 수학자 아르키메데

『아르키메데스의 죽음』,
1815년 작.

스가 남긴 최후의 말로 유명하다. 마르켈루스가 그의 죽음을 안타까워
하며 무덤을 만들어 주었다.

　신화 속 거인으로 불렸던 아르키메데스는 뉴턴과 가우스와 함께 인
류 역사상 가장 위대한 수학자로 꼽힌다. 그는 독창적 발상과 뛰어난
상상력으로 수학사에 많은 업적을 남겼다. 18세기 작가 볼테르는 "『오
디세이』를 쓴 호머의 머릿속보다도 아르키메데스의 머릿속에 더 많은
상상이 있었다."라고 말했다.

원기둥과 구의 부피

아르키메데스가 세상을 떠나고 많은 세월이 지난 뒤에 묘비에 새겨진 그림을 보고 그의 무덤을 찾아낼 수 있었다고 한다. 아르키메데스의 묘비에는 원기둥에 내접한 구가 그려져 있기 때문이다. 이는 수학사에 남긴 그의 또 다른 업적과 관계 있다. 원주율을 계산하고 원의 넓이를 구한 아르키메데스는 원기둥과 구의 부피도 밝혔다.

아르키메데스는 원기둥에 내접하는 구의 부피가 원기둥 부피의 $\frac{2}{3}$가 된다고 했다. 원기둥에 내접하는 구의 지름은 원기둥의 높이와 같으므로 구의 부피를 구하는 공식을 다음과 같이 만들 수 있다.

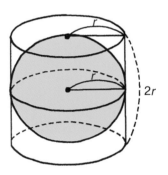

구의 부피 = 원기둥의 부피 $\times \frac{2}{3}$ = 밑넓이(원의 넓이) $\times$ 높이(지름) $\times \frac{2}{3}$

$$= \pi r^2 \times 2r \times \frac{2}{3} = \frac{4}{3}\pi r^3 \ (r: \text{반지름})$$

또한 아르키메데스는 원뿔의 부피가 원기둥의 $\frac{1}{3}$이라고 했다. 구의 부피가 원기둥의 $\frac{2}{3}$가 되므로 원뿔과 구, 원기둥의 부피는 1:2:3으로 비례한다.

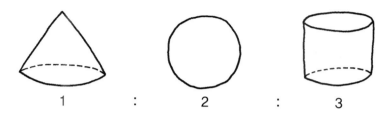

$$1 \quad : \quad 2 \quad : \quad 3$$

아르키메데스는 수의 체계를 만드는 데도 기여했다. 우주를 채우는 모래의 수를 계산하면서 수의 단위를 제시했다. 이를 '아르키메데스의 모래 계산법'이라고 한다. 지구와 태양 사이의 거리를 반지름으로 하는 커다란 공을 우주라고 가정하고 그 속에 들어가는 모래알의 수를 계산했다. 당시 고대 그리스에서는 가장 큰 수의 단위가 '만'이었는데 그보다 큰 수의 단위를 생각해 낸 것이다.

아르키메데스는 모래 알갱이 1만 개가 식물 씨앗 1개의 크기가 된다고 하며, 씨앗 1만 개에 해당하는 수인 $10000 \times 10000 (10^8)$을 한 단위로 만들었다. 이 수를 **옥타드**라고 했는데 그리스어로 8을 뜻한다. 아르키메데스는 우주를 채우는 데 필요한 모래의 수는 이 단위를 7번 곱해야 된다고 했다. 이런 아르키메데스의 계산법은 아무리 큰 수라도 거듭제곱을 활용해서 나타낼 수 있음을 보여 준다.

옥타드

그리스어로 8을 뜻하며, 영어 단어 낙지(octopus), 옥타브(octave), 10월인 옥토버(October)에도 같은 의미가 들어 있다. 낙지의 다리가 8개, 옥타브가 8 음정이라서 '옥트(oct)'라는 어원이 붙은 것이다. 또 고대 달력은 3월부터 시작하기 때문에 10월은 여덟 번째 달이다.

끝없는 π 값 구하기에 도전하다

아르키메데스 이후 원주율을 더 정확히 알려는 노력은 이어졌다. 정구 십육각형으로 원주율을 최초로 정확히 구한 아르키메데스보다 원주율을 더 자세히 구한 사람은 3세기 중국의 수학자 유휘였다. 유휘는 변이 3072개인 정다각형을 만들어 원주율을 3.14159로 계산했다. 세계에서 가장 먼저 소수 다섯째 자리까지 구한 값이다.

유휘가 원주율을 구한 방법은 중국의 오래된 수학책 『구장산술』에 나온다. 이 책은 2000년 전부터 있었다고 하는데 지은이는 알려지지 않았고 263년에 유휘가 다시 펴낸 것이 전해 온다. 『구장산술』은 모두 9개의 장으로 246문제가 실려 있다. 우리나라에도 삼국 시대에 전해져 오랫동안 중요한 수학 교재로 쓰였다.

↓ 『구장산술』에 나오는 원주율을 구하는 방법. 유휘는 정삼천칠십이각형을 만들어 세계 최초로 소수 다섯째 자리까지 계산했다.

5세기 중국의 조충지는 원주율을 $\frac{355}{113}$ 라는 간단한 분수값으로 제시했다. 그러고는 3.1415926으로 소수 일곱째 자리까지 정확히 계산했다. 서양에서는 이 값을 그보다 1000년이 지난 15세기에야 알아냈다.

인도의 수학자들도 원주율을 구하는 데 업적을 남겼다. 6세기에 아리아바타는 원주율을 $\frac{62843}{20000}$ 으로, 12세기에 바스카라는 $\frac{754}{240}$ 로 계산했다.

이후로도 π의 값을 정확히 구하려는 노력은

계속되었다. 16세기 독일의 수학자 루돌프는 아르키메데스의 방법을 따라 원을 2^{62}으로 나눈 정다각형의 둘레를 계산해서 소수 서른다섯째 자리까지 구했다. 원주율을 구하는 데 생애를 바친 루돌프의 묘비에는 원주를 따라 그가 구한 원주율 값이 적혀 있다.

원주율을 소수 서른다섯째 자리까지 적어 보면 다음과 같다.

$$3.14159265358979323846264338327950288$$

18세기 독일의 람베르트가 처음으로 원주율은 무리수, 즉 순환하지 않는 무한소수임을 증명했다. 그리고 수학자 오일러에 의해 원주율을 나타내는 기호로 π가 사용되었다. 20세기에 와서는 전자계산기와 컴퓨터가 발명되어 원주율을 수백만 자리까지 구했다. 오늘날에는 슈퍼컴퓨터로 2조 5000억 자리까지 계산하기에 이르렀다. 하지만 원주율은 아무리 계산해도 여전히 끝을 알 수 없는 무한소수다. π의 값은 끝없이 이어진다.

지금까지 오랜 세월 많은 수학자가 원주율의 정확한 값을 구하기 위해 노력해 왔다. 사실 일상생활에서는 엄밀한 값이 큰 의미가 없다. 원모양 물건을 다룰 때, 예컨대 피자의 크기를 알아본다거나 트랙 달리기에서 주자의 출발점을 정할 때 원주율이 쓰일 것이다. 하지만 행성의 궤도와 거리, 우주의 크기 등 천문학적 범위의 계산을 할 때는 π의 정확한 값이 매우 중요하다. 그 값에 따라 계산에서 차이가 크게 발생할 수 있기 때문이다.

수학에서 원주율은 원과 타원, 곡선, 곡면, 구면체 등을 다루는 기하학에서 자주 쓰인다. 오늘날에는 기하학을 넘어 수론, 확률, 무한급수 이론 등 수학의 여러 분야에서 쓰이고 있다. 그뿐만 아니라 전류 현상 과 진동, 진자 운동 등 물리와 공학의 공식을 다루는 데에도 필요하다.

인공위성이 움직인 거리는?

2020년 2월 19일 인공위성 천리
안 2B호가 남아메리카 기아나우
주센터에서 발사되었다. 천리안
위성은 기상 관측과 해양, 통신 업
무를 수행하기 위해 2010년 처음
발사되었고, 2018년에 해양과 대
기 환경 관측을 목적으로 2A호가
또 발사되었다. 2020년에 발사된

⇡ 천리안 위성 2B호

천리안 2B호는 세계 최초의 미세 먼지 관측 위성이기도 하다. 오존, 이
산화황, 미세 먼지 등 대기 변화를 관측하여 매일 정보를 제공한다.

천리안 2B호는 무게 3.5t, 길이 8.9m로, 고도 약 36000km에서 지구
주위를 도는 정지 궤도 위성이다. 정지 궤도 위성이란 지구의 자전 주
기와 같은 주기로 움직여 지구 주위를 공전하는 인공위성이다. 보통 지
구 반지름의 약 5.6배 높이에서 공전 주기를 24시간으로 하여 지구와
함께 돌게 되는데, 그 때문에 마치 상공에 멈추어 있는 것처럼 보여 정
지 궤도 위성이라 한다.

그렇다면 천리안 2B호가 하루에 움직이는 공전 거리는 얼마나 될
까? 지구의 반지름이 6378km, 위성의 고도가 36000km일 때 공전 궤
도의 반지름 R은 (36000+6378)km이다. 원주율 π의 값을 3.14로 하

여 위성의 공전 거리를 구하면 다음과 같다.

$$2\pi R = 2 \times 3.14 \times 42378km = 266133.84km$$

천리안 2B호는 하루에 약 266134km를 지구와 함께 돈다. 만약 π를 소수 여덟째 자리까지의 값인 3.14159265로 계산하면 공전 거리는 약 266269km가 된다. π의 값을 3.14로 계산한 것과 약 135km나 차이가 생긴다.

$$2 \times 3.14159265 \times 42378km = 266268.83km$$

이처럼 엄청난 차이가 생기게 되므로 지구에서 아주 멀리 떨어진 우주 공간의 거리를 계산할 때는 원주율의 정확한 값이 매우 중요하다.

천리안 위성은 지구의 기상 관측뿐 아니라 우주 입자와 자기장, 태양풍, 우주 폭풍 등 우주의 기상 관측도 수행하여 우주 개발에 필요한 정

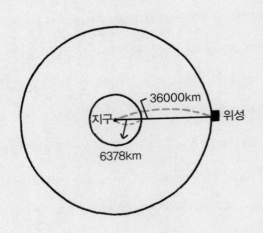

보를 제공한다. 정지 궤도 위성의 필요성은 갈수록 커지고 있으나, 한정된 고도에서 위성이 돌 수 있는 자리는 제한적일 수밖에 없다. 그래서 위성을 띄우고자 하는 많은 나라와 사업체는 위성 자리를 차지하기 위해 치열하게 경쟁하고 있다. 현재 약 550기의 정지 궤도 위성이 돌고 있는데 앞으로 위성 자리 차지를 위한 경쟁이 더욱 심해질 것이라고 한다.

우리나라는 1992년 인공위성 우리별 1호를 처음 발사한 이후 현재 무궁화, 한별, 천리안 등 여러 기의 정지 궤도 위성을 운용하고 있으며 저궤도 위성도 다수 보유하고 있다. 2013년 1월에는 우리 영토에서 직접 우주 발사체를 쏘아 올려 나로호를 궤도 진입에 성공시킴으로써, 항공 우주 기술을 자체적으로 개발한 열한 번째 국가가 되었다.

5

소수

나누어지지 않는, 수의 기본

5 소수를 어떻게 찾을까?

기원전 3세기 이집트의 알렉산드리아도서관.
70만 권을 소장한 당대 최대 도서관이다.

인도, 페르시아 등 곳곳에서 책을 구한 뒤 필사하여
알렉산드리아도서관에 보관했다.

에라토스테네스 관장님,
지난번 페르시아로 갔던 배가
벌써 왔어요.

89일 만에
돌아왔군.

이번에도 책을 잔뜩
싣고 왔다고 합니다.

필사 작업이 밀려서
큰일이군.

이렇게 배가 한꺼번에 들어오는 일은 처음인 것 같습니다.

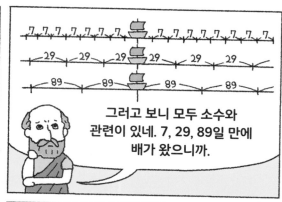

그러고 보니 모두 소수와 관련이 있네. 7, 29, 89일 만에 배가 왔으니까.

모두 소수이고 서로 공통인 배수도 없으니 최소공배수는

$$7 \times 29 \times 89 = 18067$$

세 척의 배가 한꺼번에 들어오는 일은 18067일에야 일어나는군. 49년도 더 되니, 내가 관장으로 있는 동안 두 번은 이런 일이 없겠는걸. 정신 바짝 차려 놓치는 책이 하나도 없어야 해.

그러고 보니 소수를 제대로 정리해 놓은 책이 없네.

소수는 더 이상 나눠지지 않는 수라서 수의 기본인데 말이야.

소수는 규칙적인 수가 아니어서 찾기가 어려워. 소수를 쉽게 찾는 방법이 없을까?

유레카!

깜짝이야!

> **수가 아름답지 않다면,**
> **아름다운 것은 세상에 없다.**
>
> 👤 팔 에르되시, 20세기의 헝가리 수학자

에라토스테네스의 체

1보다 큰 자연수 중에서 1과 그 자신만을 약수로 가지는 수를 **소수**라고 한다. 2, 3, 5와 같이 1과 자기 자신을 제외하고는 약수가 없을 때 소수이다. 자연수 중에서 소수가 아닌 수는 합성수라고 한다. 즉 다른 수로 나누어떨어지면 합성수이고, 나누어떨어지지 않으면 소수다. 이를테면 6은 2와 3으로 나누어지므로 합성수이고, 7은 다른 수로 나누어지지 않기 때문에 소수이다.

그렇다면 소수는 어떻게 찾을까? 1보다 큰 자연수 중에서 소수를 찾아 나열해 보면 이들 수에서 규칙을 찾을 수 없다.

2, 3, 5, 7, 11, 13, 17, 19, 23, 29···

2를 제외하고는 모두 홀수지만 모든 홀수가 소수인 것도 아니다. 또 규칙성이 없으므로 소수를 찾아내는 공식도 없다. 무한히 많은 자연수 중에서 소수를 쉽게 찾는 방법이 있을까? 소수는 더 이상 나누어지지 않는 수이기 때문에 수의 기본이 된다고 생각하여 고대부터 많은 수학자가 소수 찾는 방법을 알아내려고 노력했다.

↑ 에라토스테네스

기원전 3세기 에라토스테네스가 한 가지 방법을 생각해 냈다. 표에 숫자들을 배열해 놓고 배수가 되는 수를 지워 나가는 방법이다. 마치 체로 수를 걸러 내는 것 같다고 하여 '에라토스테네스의 체'라고 한다.

예를 들어 1에서 100까지 자연수 중에서 소수를 찾는다면 다음과 같이 한다.

1은 소수가 아니므로 지운다.

소수 2는 남기고 2의 배수를 모두 지운다.

소수 3은 남기고 3의 배수를 모두 지운다.

소수 5는 남기고 5의 배수를 모두 지운다.

소수 7은 남기고 7의 배수를 모두 지운다.

이렇게 배수를 지워 나갈 때 끝까지 남는 수는 다른 수의 배수가 되지 않는다. 그렇기 때문에 더 이상 나누어지지 않는 소수가 된다. 1에서 100까지의 수 중에서 소수는 모두 25개이다.

~~1~~	2	3	~~4~~	5	~~6~~	7	~~8~~	~~9~~	~~10~~
11	~~12~~	13	~~14~~	~~15~~	~~16~~	17	~~18~~	19	~~20~~
~~21~~	~~22~~	23	~~24~~	~~25~~	~~26~~	~~27~~	~~28~~	29	~~30~~
31	~~32~~	~~33~~	~~34~~	~~35~~	~~36~~	37	~~38~~	~~39~~	~~40~~
41	~~42~~	43	~~44~~	~~45~~	~~46~~	47	~~48~~	~~49~~	~~50~~
~~51~~	~~52~~	53	~~54~~	~~55~~	~~56~~	~~57~~	~~58~~	59	~~60~~
61	~~62~~	~~63~~	~~64~~	~~65~~	~~66~~	67	~~68~~	~~69~~	~~70~~
71	~~72~~	73	~~74~~	~~75~~	~~76~~	~~77~~	~~78~~	79	~~80~~
~~81~~	~~82~~	83	~~84~~	~~85~~	~~86~~	~~87~~	~~88~~	89	~~90~~
~~91~~	~~92~~	~~93~~	~~94~~	~~95~~	~~96~~	97	~~98~~	~~99~~	~~100~~

이 방법은 소수를 찾는 데 효과적이다. 어떤 수가 소수인지 아닌지 구별하는 방법으로 에라토스테네스의 체 이외에 특별히 더 좋은 방법은 아직 없다.

그럼 자연수 중에 소수는 과연 몇 개나 될까? 자연수가 무한히 많으므로 소수의 개수도 무한히 많다. 수학자 유클리드는 "어떤 소수가 있더라도 그보다 큰 소수가 존재한다."라고 하면서 소수의 개수가 무한히 많음을 증명했다. 가장 큰 소수는 존재하지 않는다.

「알렉산드리아에서 가르치고 있는 에라토스테네스」, 1635년 작.

지구의 둘레를 구하다

아테네와 그리스의 도시 국가들이 몰락한 뒤 그리스의 학문은 이집트 알렉산드리아에서 계속 이어졌다. 알렉산드리아는 나일강 삼각주 서쪽에 있는 지중해 연안 도시로, 기원전 332년 알렉산드로스 대왕이 정복한 후 자신의 이름을 따서 세웠다. 이곳에 세계 최초의 대학과 도서관이 지어지고 많은 학자가 모여들면서 학문의 중심지가 되었다.

알렉산드리아에서는 그리스 문화와 이집트, 메소포타미아 문화가 융합된 헬레니즘 문화가 이룩되었다. 헬레니즘 시대에 학문이 발달하면서 그리스 수학도 계속 발전할 수 있었다. 앞서 말했던 유클리드, 아르키메데스를 비롯해 아폴로니우스, 헤론 같은 고대 수학자들이 이곳에서 활동하며 업적을 쌓았다.

에라토스테네스도 알렉산드리아에서 활동했다. 이곳에서 만난 아르키메데스와는 오랫동안 학문적으로 특별한 관계를 맺었다. 아르키메데스가 고향인 시칠리아로 돌아간 뒤에도 두 사람은 많은 편지를 주고받으며 교류를 이어갔다. 에라토스테네스는 수학, 천문학, 지리, 역사, 철학 등 다방면에 뛰어난 학자였으며 기원전 235년경에는 알렉산드리아도서관의 책임자가 되었다. 당대 최고의 도서관인 이곳은 약 70만 권의 책을 소장했던 것으로 알려져 있는데 4세기에 화재로 없어질 때까지 600여 년 동안 많은 학자에게 학문의 전당이 되었다. 에라토스테네스는 도서관장이 되어 여러 학문에서 업적을 남겼다.

소수 찾는 방법을 생각해 낸 것 외에 대표적인 업적이 또 있다. 에라토스테네스는 지구의 둘레를 최초로 구했다. 알렉산드리아에 서 있는 오벨리스크와, 거기서 800km 떨어진 시에네(지금의 이집트 아스완)에서의 그림자가 다름을 발견한 것이 계기가 되었다. 하짓날 한낮 시에네의 우물 바로 위에 태양이 있어서 그림자가 생기지 않을 때, 그 시각 알렉산드리아 오벨리스크의 그림자는 7.2° 기울어져 있었다. 그림자 각도는 위도에 따라 달라지는데 알렉산드리아와 시에네는 실제로 위도가 7.2° 차이가 났다.

에라토스테네스는 두 지역의 거리와 위도를 가지고 지구의 둘레를 계산해 냈다. 7.2°일 때 거리가 800km이면 360°일 때는 몇 km가 될까? 이 길이가 지구 둘레에 해당한다. 비례식을 구해 계산하면 지구 둘

오벨리스크 ✏
고대 이집트에서 태양을 숭배하며 세운 기념탑.

현대에 새로 지어진 알렉산드리아도서관.
외벽에 한글을 비롯해 세계 각국의 문자를
새겼다.

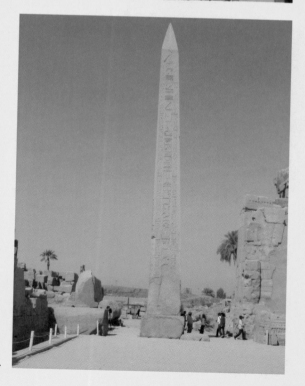

⋯ 이집트에 있는 오벨리스크.

레는 약 40000km이다.

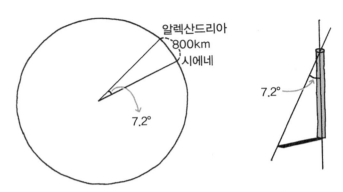

7.2° : 360° = 800km : **지구 둘레**
지구 둘레 = 360×800÷7.2 = 40000km

에라토스테네스가 계산한 값은 오늘날 정밀하게 측정한 지구의 평균 둘레와 같다. 또 위도 1° 간의 평균 거리는 약 111km로 측정되는데, 알렉산드리아에서 시에네까지 위도상의 거리도 약 800km(111km×7.2)가 된다. 에라토스테네스의 계산은 놀랍도록 정확했다.

에라토스테네스는 지리상의 위치를 위도와 경도로 표시했고 『지리학』을 저술했다. 그리고 「별의 목록」 등 천문학에 관한 논문을 썼으며 역사학과 언어학에 관한 저술도 남겼다. 나이가 들어 장님이 된 후에는 음식을 끊어 스스로 생을 마감했다고 한다.

소인수분해와 큰 소수 찾기

1보다 큰 모든 자연수는 소수의 곱으로 나타낼 수 있다. 그래서 예부터 수학자들은 소수를 수의 기본이 되는 중요한 수라고 보았다. 어떤 자연수를 소수만의 곱으로 나타내는 것을 소인수분해라고 한다. 이때 소인수는 자연수의 약수 중에서 소수인 수를 말한다. 36을 소인수분해를 하여 거듭제곱으로 나타내 보자.

$$36 = 2 \times 2 \times 3 \times 3 = 2^2 \times 3^2$$

소인수분해를 이용해 최대공약수와 최소공배수를 찾을 수 있다. 예를 들어 28과 36을 소인수분해하여 최대공약수와 최소공배수를 찾아보자.

$$28 = 2^2 \times 7 \qquad 36 = 2^2 \times 3^2$$

두 수의 최대공약수는 2^2이고, 최소공배수는 $2^2 \times 7 \times 3^2 = 252$가 된다.

소수는 무한히 많지만 규칙적인 수가 아니어서 새로운 소수를 찾기는 어렵다. 17세기 메르센이 만든 수의 형태가 지금도 소수를 찾는 데 이용되고 있다. $2^n - 1$을 만족하는 수 중에서 소수가 되는 것을 메르센 소수라고 한다. n이 1일 때는 1이 되어 소수가 아니고, n이 2일 때는 3이 되어 첫 번째 메르센 소수가 된다. 두 번째 메르센 소수는 n이 3일 때인 7이다.

$$2^n - 1 \quad \rightarrow \quad 2^2 - 1 = 3 \qquad 2^3 - 1 = 7$$

그런데 n이 4인 경우의 값인 15는 소수가 아니다. 그래서 세 번째 메르센 소수는 n이 5일 때의 값 31이다.

$$2^4 - 1 = 15 \qquad 2^5 - 1 = 31$$

지식박스 · 매미도 소수를 알고 태어난다?

매미는 오랫동안 굼벵이로 지내다가 잠깐 매미의 모습으로 나와 짝짓기를 하고는 이내 죽는다. 그런데 '주기 매미'에 속하는 매미들은 굼벵이로 있은 지 꼭 13년이나 17년 만에 나와서 매미가 된다. 그러다 보니 많은 매미가 동시에 태어나 어떤 지역에서는 매미가 100만 마리 이상 한꺼번에 나오기도 한다.

주기 매미는 왜 하필이면 13년이나 17년 만에 태어날까? 천적들이 나오는 해를 피하기 위해서다. 만약 매미가 태어나는 주기가 12년이라면 번식 주기가 2, 3, 4, 6년인 천적을 만나 잡아먹힐 가능성이 크다. 그래서 매미는 태어나는 해가 2~9의 배수가 되지 않는 13과 17을 택했다. 이 두 수는 어느 수로도 나누어지지 않는 소수다.

이렇게 하면 짧은 생애를 살 수밖에 없는 매미들이 천적을 만나 헛되이 잡아먹힐 위험에서 벗어날 수 있다. 그리고 13년 주기의 매미와 17년 주기의 매미가 같이 나오는 일은 두 수의 최소공배수인 221년(13×17)마다 일어나게 되므로, 한꺼번에 태어나 먹이 경쟁을 하는 경우도 거의 없다. 매미도 소수를 알고 나오는 것이다.

이렇게 메르센의 수가 모두 소수가 되는 것은 아니다. 그럼에도 메르센의 수는 큰 소수를 찾는 데 유용하다. 단계적으로 메르센의 수를 계산하면서 합성수를 제외하다 보면 큰 소수를 찾을 수 있기 때문이다. 그래서 지금까지도 메르센 소수를 찾으려는 노력이 계속되고 있다. 2016년에 49번째 메르센 소수를 찾았는데 2233만 자리의 수로 현재 가장 큰 소수이다.

또 18세기에는 수학자 골드바흐가 "2보다 큰 모든 짝수는 두 소수의 합으로 나타낼 수 있다."라는 이론을 제시했다. 예를 들어 다음과 같이 짝수를 소수의 합으로 나타낼 수 있다.

$$4 = 2 + 2, \; 6 = 3 + 3, \; 8 = 3 + 5 \cdots 20 = 7 + 13 \cdots$$

하지만 이는 아직 완전히 증명되지 않아서 '골드바흐의 추측'으로 불리며 수학의 미해결 문제로 남아 있다.

암호에 쓰이는 소수

현대 사회에서 소수는 암호를 만드는 데에 특히 요긴하다. 오늘날 암호는 통신과 금융, 상업은 물론 국가 정보에까지 광범위하게 쓰인다. 이제는 다수가 사용하는 통신과 금융 거래가 많아져서 암호는 더욱 중요해졌다. 그래서 다수가 사용해도 문제 없는 암호, 이른바 '공개 키' 암호가 개발되어 쓰이고 있다. 공개 키 암호란 암호화된 수가 공개되어도 암호에 쓰인 원래의 수를 찾기 어렵게 만든 것이다.

  공개 키 암호를 만들 때 현재 가장 많이 쓰이는 방법이 바로 소수를 이용하는 것이다. 2개의 큰 소수를 곱해서 만드는데 이 암호를 풀려면 원래의 소수를 찾아야만 한다. 예를 들어 어떤 두 소수를 곱해 암호화한 수가 8633이라면 두 소수가 무엇인지 알아내야 암호를 풀 수 있다.

$$8633 = \square \times \square$$

  그런데 원래의 곱한 소수를 찾기는 쉽지 않다. 8633은 두 소수 89와 97을 곱한 수이다. 두 소수를 곱하기는 쉽지만, 거꾸로 곱한 수가 어떤 두 소수의 곱인지 알아내는 것은 어렵다. 만약 아주 큰 소수를 곱한다면 찾기가 매우 어려울 것이다. 그런데다 이 암호 방식에서는 소수를 곱한 다음 여기에 계산 과정을 몇 단계 더 추가해서 원래의 소수를 찾는 것을 더욱 어렵게 만들었다.

  소수를 이용한 암호는 이를 개발한 세 수학자의 이름(리베스트, 샤

미르, 애들먼)에서 첫 글자를 따서 RSA 암호로 불린다. 이들 수학자는 이 암호를 개발한 공로를 인정받아 2002년 컴퓨터 부문의 노벨상으로 꼽히는 튜링상을 받았다. 이 암호는 인터넷 금융 거래를 할 때 주로 사용하는데, 큰 소수를 곱해 새로운 합성수가 만들어지면 그것을 금융 전산망에 전송하는 식이다. 그 뒤 사용자의 개인 정보를 컴퓨터에 암호화하고 이를 통해 인터넷 거래를 진행한다.

큰 소수의 곱을 이용한 암호는 슈퍼컴퓨터로 소인수분해를 하더라도 시간이 매우 오래 걸리기 때문에 풀기가 거의 불가능하다. 최근 수학자들이 소인수분해를 효율적으로 수행하는 방법을 개발했으나 여전히 많은 시간이 걸린다.

해독하는 데 시간이 오래 걸릴수록 좋은 암호이다. 또 혹시 암호가 풀리더라도 정보를 얻는 데 한참 걸린다면 더욱 좋다. 더 큰 소수를 사용할수록 암호 풀기가 더 어려워져 정보가 보호될 수 있다. 현대 사회에서 정보 보호는 무엇보다 중요한데 암호학의 발전에 소수가 크게 기여하고 있다.

리만 가설, 골드바흐의 추측 등 수학사에서 오랫동안 풀리지 않는 중요한 문제들 중 소수와 관련 있는 것이 여럿 있다. 이 미해결 문제들이 증명된다면 암호 방식에도 큰 영향을 주게 될 것이다. 그때는 소수를 이용한 암호가 더 이상 위력을 발휘하지 못할 수도 있다.

미지수를 찾아라

⑥ 낙타를 어떻게 나눌까?

9세기 바그다드의 지혜의 집.

지혜의 집

똑
똑
똑

인도에서 온 수학책

알 콰리즈미 선생님, 저희 아버지가 낙타 17마리를 유산으로 남기셨는데요,

아버지가 장남은 전체의 2분의 1, 둘째는 3분의 1, 막내는 9분의 1을 가지라 하셨어요.

낙타 17마리를 어떻게 나누어야 할까요?

유언을 따르려면, 음… 한 마리를 더하면 되겠군.

$$\frac{1}{2}\Box + \frac{1}{3}\Box + \frac{1}{9}\Box + 1 = ?$$

자, 여기 내 낙타를 한 마리 자네들에게 주겠네. 그럼 낙타가 모두 18마리니까 계산할 수 있겠지?

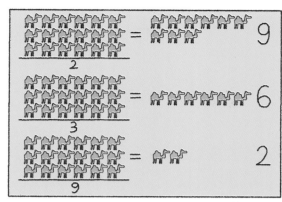

18마리를 유언대로 나누면, 9마리, 6마리, 2마리가 되네요.

한 마리가 남아요.

그럼 내 낙타는 필요 없겠군. 이제 됐나?

고맙습니다, 선생님!

요즘 유산 상속이나 분배 문제로 다툼이 많고 상거래, 토지 소송도 많아졌어.

실제로 많이 쓰이는 문제를 뽑아서 정리를 해야겠군. 모르는 미지수를 다루는 문제들이 많으니까 방정식 푸는 방법을 책으로 써야겠어.

그런데 미지수를 □로 나타내는 것보다 문자를 하나 만들면 간단하겠어. 미지수 문자를 뭐로 하면 좋을까?

알자브르에서 따오면 좋겠군!

> 우리는 반드시 알아야 하고,
>
> 알게 될 것이다.
>
> 👤 다비트 힐베르트, 19~20세기 독일의 수학자

문자와 기호를 사용한 방정식

방정식은 문자와 기호를 사용한 등식을 말한다. 모르는 수(미지수)를 보통 문자 x로 나타낸다. x의 값에 따라 참이 되기도 하고, 거짓이 되기도 하는 등식을 x에 관한 방정식이라고 한다. 또 방정식을 참이 되게 하는 미지수 x의 값을 그 방정식의 해 또는 근이라고 하고, 방정식의 해를 구하는 것을 '방정식을 푼다'라고 말한다.

오랜 옛날부터 방정식 문제는 많이 다루어졌다. 가장 오래된 수학책인 고대 이집트의 아메스 파피루스에는 "어떤 수와 그 수의 7분의 1의 합이 19일 때 그 수는 얼마인가."라는 문제가 나온다. 문장으로 된 이 문제를 오늘날 사용하는 미지수 문자 x와 수학 기호를 사용하여 간단한 방정식으로 만들 수 있다.

$$x + \frac{1}{7}x = 19$$

미지수를 찾는 방정식 문제는 인도와 아라비아에도 많이 있었다. 또한 우리나라에도 전해져 오랫동안 읽힌 중국 수학책 『구장산술』에서도 방정식 문제를 다루고 있다. 이 책의 목차 중에 제8장의 제목이 '방정'이다. 여기에 문장으로 된 방정식 문제 18개가 나오는데 곡식 수확량, 가축의 수와 가격, 토목 공사 등 일상생활에 필요한 문제를 주로 다루었다. 그중 한 문제는 다음과 같다.

"상품과 하품으로 분류된 벼가 있다. 상품 벼 7단에서 1말을 빼고 하품 벼 2단을 더했더니 쌀 10말이 되었다. 그리고 하품 8단에 1말을 더하고 상품 2단을 더했더니 10말이 되었다. 상품과 하품 벼에서는 각각 쌀이 얼마나 나오는가?"

이 문제에서 상품, 하품에서 나온 쌀을 각각 x, y로 하면 미지수가 2개인 연립방정식을 만들 수 있다.

$$(7x - 1) + 2y = 10$$
$$2x + (8y + 1) = 10$$

미지수와 수학 기호를 사용하면 글로 길게 쓴 문장을 간단한 방정식으로 만들 수 있다. 고대부터 실용적인 문제를 해결하기 위해 방정식 문제를 많이 다루었지만 모두 이렇게 문장으로 쓰였고 문자와 기호를

↑ 17세기에 인쇄된 디오판토스의 『산수론』표지. 로마 숫자 M DC XXI을 써서 1621년에 발행되었음을 표시했다.

사용해 풀이를 하지는 않았다.

3세기에 수학자 디오판토스가 처음으로 문자와 기호를 사용한 방정식을 만들고 대수학을 개척했다. 숫자 대신 문자를 기호로 사용하여 수학을 연구하는 분야를 **대수학**이라 한다. 대수학에서 대표적으로 다루는 것이 방정식이다. 그래서 디오판토스를 '대수학의 아버지', 또는 '방정식의 아버지'로 부른다.

디오판토스는 『산수론』을 써서 대수학의 발전에 큰 영향을 끼쳤다. 이 책은 전체 13권으로, 이 책에서 최초로 미지수를 문자로 나타내고 수학 기호를 만들어 사용했다. 물론 오늘날 사용하는 기호와는 모양이 다르다. 그리스 알파벳 문자를 기호로 써서 미지수를 ε, ζ, Δ로 나타냈고 숫자는 α, β, γ 등으로 썼다. 또 덧셈은 붙여 쓰고 뺄셈은 $\wedge$ 같은 기호를 만들어 사용했으며 거듭제곱을 나타내는 기호를 만들기도 했다.

디오판토스는 알렉산드리아에서 활동했는데 그의 정확한 생애는 알려지지 않았다. 그런데 '디오판토스의 나이'라는 문제가 전해지고 있어서 그가 몇 살까지 살았는지 알 수 있게 한다. 그 문제는 디오판토스의 묘비에, 다음과 같은 시의 형태로 적혀 있었다고 한다.

지나가는 나그네여, 이 비석 아래 디오판토스가 잠들어 있다.

일생의 6분의 1은 소년 시절로 보냈고,

12분의 1이 지난 후 수염이 자라 청년이 되었네.

그 후 7분의 1이 지나 결혼해서 5년 후 아들을 낳았지.

아들은 아버지 나이의 반을 살았다네.

아들이 죽은 후 4년 뒤 그도 세상을 떠났네.

그는 몇 살까지 살았는가?

이는 디오판토스의 생애이자 나이를 묻는 문제도 된다. 디오판토스의 나이를 미지수 x로 하면 소년 시절은 $\frac{1}{6}x$, 청년기는 $\frac{1}{12}x$, 결혼한 때는 $\frac{1}{7}x$, 아들을 낳은 때는 +5가 된다. 아들은 $\frac{1}{2}x$를 살았으며 디오판토스가 죽은 때는 +4가 되고, 이것을 모두 합하면 디오판토스의 나이가 된다. 그러므로 다음과 같은 방정식이 만들어진다.

$$\frac{1}{6}x + \frac{1}{12}x + \frac{1}{7}x + 5 + \frac{1}{2}x + 4 = x$$

여러 문장으로 길게 썼던 디오판토스의 생애가 한 줄의 간단한 방정식이 되었다. 문자 x와 기호 +, =를 사용한 덕분이다. 이와 같은 방정식의 풀이를 할 때는 먼저 문자가 같은 동류항끼리 더해서 x 항을 간단히 한 뒤 계산한다.

$$\left(\frac{14 + 7 + 12 + 42}{84}\right)x + 9 = x$$

$$x - \frac{75}{84}x = 9 \qquad \frac{1}{84}x = 1 \qquad \therefore \ x = 84$$

조선 후기의 실학자 황윤석이 지은 『이수신편』은 23권으로 된 방대한 백과사전으로, 마지막 3권에서는 수학을 다룬다. 21권과 22권은 『산학입문』, 23권은 『산학본원』이라는 수학책인데 대수와 기하에 대한 많은 문제가 실려 있다. 다음과 같은 방정식 문제도 나온다.

"닭과 토끼가 모두 100마리 있고 다리가 모두 272개일 때 닭과 토끼는 각각 몇 마리인가?"

닭을 x 마리, 토끼를 y 마리로 하면, 닭의 다리는 2개이므로 $2x$, 토끼의 다리는 4개이므로 $4y$이고 아래와 같은 연립방정식이 만들어진다.

$$x + y = 100$$
$$2x + 4y = 272$$

방정식 풀이를 하면 $x = 64$, $y = 36$이며 따라서 닭은 64마리, 토끼는 36마리이다. 이 문제를 닭과 토끼가 나온다고 하여 '계토산[鷄兎算]' 문제라 부르기도 한다.

한편 5세기 중국의 장구건이 쓴 수학책 『산경』에는 닭 100마리가 나오는 방정식이 등장하는데 이 또한 유명하다.

"수탉 한 마리에 5원, 암탉 한 마리에 3원, 병아리 세 마리에 1원이다. 100원을 가지고 닭 100마리를 사려고 할 때 수탉, 암탉, 병아리를 각각 몇 마리씩 살 수 있는가?"

이 문제는 닭 100마리에 관한 문제라 해서 '백계 문제'로 불린다. 이 연립방정식은 미지수가 3개인데 방정식은 2개이다. 이렇게 방정식의 개수가 미지수의 개수보다 부족한 연립방정식은 해를 구하는 방법이 정해져 있지 않고 해도 여러 개 나올 수 있는데 이런 방정식을 부정방정식이라고 한다. 이 '백계 문제'도 부정방정식으로 해가 여러 개 있다. 수탉, 암탉, 병아리를 각각 x, y, z로 하여 연립방정식을 만들 수 있다.

$$x + y + z = 100$$
$$5x + 3y + \frac{1}{3}z = 100$$

x의 값을 구하면 세상을 떠날 때 디오판토스의 나이는 84세였음을 알 수 있다. 이렇게 길고 복잡한 문장도 문자와 기호를 사용해 간단한 방정식으로 만들면 문제를 해결하기 쉽다.

알 콰리즈미의 대수학

알렉산드리아에서 발전을 이어 오던 그리스 수학은 5세기부터 몰락했다. 유럽에서 종교가 모든 영역을 지배하게 되면서 학문이 탄압을 받았기 때문이다. 알렉산드리아도서관이 파괴되고 최초의 여성 수학자인 히파티아가 잔인하게 죽임을 당하기도 했다. 또 플라톤이 세워 1000여 년을 이어 왔던 아카데미 학교도 로마 황제에 의해 529년 폐교되었다. 고대 그리스 학문은 암흑기를 맞았고, 1000여 년 동안 눈부신 발전을 거듭해 온 그리스 수학도 무너졌다.

유럽 역사에서 이 시기부터 르네상스가 올 때까지를 중세라고 한다. 6세기부터 15세기에 이르는 중세에는 종교와 관련 없는 학문이 금지되거나 제한되었다. 그래서 유럽이 아닌 지역에서 학문이 발전하게 되었고 학자들은 탄압을 피해 다른 지역으로 옮겨 활동하기도 했다. 수학 분야도 마찬가지였다. 중세 유럽보다 아라비아와 인도 지역에서 수학이 발전했고 뛰어난 수학자들이 나왔다. 인도에서는 아리아바타, 브라마굽타, 바스카라 등의 수학자가 대수학과 기하학에 업적을 남겼다.

특히 아라비아 지역은 수학을 발전시키는 데 지리적으로 유리했다.

그리스 수학과 인도 수학을 함께 받아들여 발전할 수 있었기 때문이다. 유클리드의 『원론』과 그리스 수학자들의 이론서가 아라비아어로 번역되어 전해졌다. 아라비아는 고대 그리스와, 중세 이후 르네상스 시기의 유럽을 잇는 다리가 되어 수학 발전에 기여했다. 중세 유럽에서 잃어버린 그리스 수학책들이 아라비아 지역에 남아 있다가 르네상스 시대에 복원되기도 했다. 아라비아에는 천문대와 도서관, 연구소, 교육 기관을 갖춘 '지혜의 집'이 있었다. 알렉산드리아에 있던 학문 기관을 본떠서 9세기 바그다드에 세워진 이곳에서 많은 수학자가 배출되었다.

아라비아를 대표하는 수학자는 9세기에 활동한 알 콰리즈미이다. 그는 바그다드에서 수학과 천문학을 연구했으며 1년 동안 태양의 경로를 관측하여 황도 경사가 23°33′라고 정확히 측정했다. 알 콰리즈미는 인도의 숫자와 계산법에 관한 책을 썼는데, 그가 설명한 계산법이 '알고리즘'으로 불리며 유럽에 전해졌다. 그의 이름이 라틴어로는 알고리즈미로 발음되었던 것이다. 또한 알 콰리즈미는 대수학이라는 말도 처음 사용하여 디오판토스와 더불어 '대수학의 아버지'로 불린다.

↓ 알 콰리즈미의 초상이 담긴 우표.

알 콰리즈미는 830년에 대수학에 관한 책을 저술했다. 이 책의 제목을 줄여서 '알제브라(Algebra)'라고 부르는데 이 말이 곧 오늘날 '대수학'을 뜻하는 단어가 되었다. 제목에 쓴 아랍어 발음 알자브르(al-jabr)가 대수학을 의미하는 영어 알제브라의 어원이 된 것이다. 이것은 복원을 뜻하는 말로, 알 콰리즈미는 음수를 이항하여 양수로 만드는 것을 가리킬 때 이 단어를 사용했다.

　알 콰리즈미는 저서 『대수학』에서 여러 방정식의 해법을 제시했다. 특히 이차방정식의 해법을 체계적으로 다루었는데 직사각형의 넓이를 구하는 방법을 이용하여 이차방정식 풀이법을 여러 유형으로 증명했다.

　책에서는 $x^2+10x=39$의 풀이를 예로 들어 설명했다. 그림과 같이 직사각형의 넓이가 39일 때 정사각형을 만들어 한 변의 길이 x를 구한다.

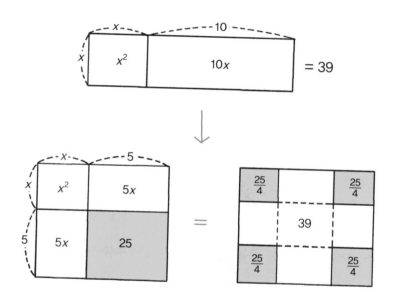

그림을 보면 양변에 25를 더하여 풀이를 한 것을 알 수 있다.

$$x^2+10x+25=39+25$$
$$(x+5)^2=8^2$$
$$x+5=8 \qquad \therefore x=3$$

↑ 알 콰리즈미가 쓴 『대수학』. 대수학을 뜻하는 영어 단어가 이 책에서 왔다.

↓ 우즈베키스탄의 히바에 있는 알 콰리즈미 동상.

이렇게 완전제곱식을 만들어 x의 값을 구했다.

그 과정에서 이차방정식의 근을 구하는 공식을 알아낼 수 있다. 완전 제곱식을 이용하여 $ax^2+bx+c=0(a \neq 0)$에서 x의 값을 구하는 공식을 얻는다.

$$\left(x+\frac{b}{2a}\right)^2 = \left(\frac{b}{2a}\right)^2 - \frac{c}{a}$$

$$\therefore \ x = \frac{-b \pm \sqrt{b^2-4ac}}{2a} \quad (b^2-4ac \neq 0)$$

알 콰리즈미가 쓴 책은 교역과 상업이 활발해지면서 유럽에 전해졌다. 이탈리아의 피보나치가 1202년에 『산술서』를 써서 알 콰리즈미의 수학을 자세히 소개했다. 이 책은 아라비아 숫자와 계산법을 유럽에 전파하는 데 크게 기여했다.

수학 기호와 소수의 발명

유럽에서 14~16세기에 이른바 르네상스 시대가 오면서 아라비아 숫자와 계산법이 쓰이고 연산에 필요한 수학 기호가 만들어지기 시작했다. 르네상스는 1000여 년에 걸친 중세 암흑기를 벗어나 고대의 학문과 문화를 부흥시키려는 문화 운동을 뜻한다. 이때부터 중세 내내 금지되었던 학문이 다시 연구되고 수학과 천문학 등 고대 그리스 학문이 복원되었다. 유럽 각지에 대학이 세워져 중세 이전에 고대 학문의 기본 과

목이었던 산술과 기하학, 논리학을 다시 가르쳤으며 고대 그리스 수학이 활발히 연구되었다.

또한 금속 활자와 인쇄술이 발달해 수학책이 대량으로 인쇄되었다. 중국에서 전해진 종이가 쓰였고 종이 공장도 세워졌다. 1482년 유클리드의 『원론』이 처음 라틴어로 번역되어 발행되었다. 수학자들이 쓴 책

지식박스 | 피보나치수열, 토끼는 몇 쌍이 태어날까?

피보나치는 이탈리아의 피사에서 태어나 상인인 아버지를 따라다니며 아라비아 수학을 공부했다. 그가 집필한 『산술서』에 나와 있는 다음 문제가 이른바 피보나치수열로 알려졌다.

"새끼 토끼 한 쌍이 두 달이 지난 후부터 매달 암수 한 쌍의 새끼를 낳는다. 새로 태어난 토끼들도 두 달 후부터 매달 한 쌍의 토끼를 낳는다고 할 때 1년 동안 태어난 토끼는 모두 몇 쌍일까?"

월별로 토끼의 쌍을 더해서 적어 보면 다음과 같다.

$$1, 1, 2, 3, 5, 8, 13, 21, 34, 55, 89, 144\cdots$$

1년 동안 태어난 토끼는 모두 144쌍이다. 그다음 달에는 233쌍이 되는데 이 수들에는 규칙이 있다. '앞의 연이은 두 항의 합이 다음 항과 같다'는 특징이 있는 수열이라는 점이다.

이 피보나치수열은 자연에서도 볼 수 있다. 나뭇가지와 꽃잎의 수가 피보나치수열에 해당하는 경우가 많다. 예를 들어 백합은 꽃잎이 3장, 채송화는 5장, 목련과 코스모스는 8장이다. 꽃잎 수가 많은 데이지는 34장이나 55장 또는 89장의 꽃잎이 있다.

에 사용된 대수 문자와 기호가 전파되었다. 특히 상업에 필요한 산술 책이 많이 저술되어 널리 읽히며 연산 기호가 알려지게 되었다.

수학 기호가 발명되기 전에는 수식을 쓰지 않고 말로 '더하고, 빼고, 곱하고, 나누고, 같다'라고 쓸 수밖에 없었다. 지금은 ＋, －, ×, ÷, ＝ 같은 기호를 사용하고 있다. 길고 복잡한 문장도 이런 기호를 사용해 간단한 식으로 나타낸다. 르네상스가 되면서 이런 기호들이 본격적으로 발전해 갔다.

처음에는 같음, 미지수, 거듭제곱 등을 뜻하는 단어에서 따온 문자를 수학 기호로 사용했다. 이런 약어 기호가 나중에 모양이 바뀌어 오늘날 사용하는 수학 기호가 되기도 했다. 예를 들어 15세기 이탈리아 수도사이자 수학자인 파치올리는 자신이 쓴 책에서 대수식 풀이를 할 때 더하기를 의미하는 plus의 첫 글자 p, 빼기를 뜻하는 minus의 첫 글자 m을 사용했다. 이것의 모양이 점차 단순하게 바뀌어 ＋, －의 모양과 비슷해졌다. ＋ 기호의 유래는 하나 더 전해진다. '그리고'라는 뜻의 라틴어 et를 사용하다가 필기체로 흘려 쓰면서 모양이 변하여 ＋가 되었다고 한다.

$$et \rightarrow e \rightarrow +$$
$$m \rightarrow \sim \rightarrow -$$

1489년 독일의 비트만이 쓴 책 『산술서』에 덧셈, 뺄셈 기호 ＋, －가 처음으로 등장했다. 그 뒤 프랑스의 수학자 비에트에 의해 널리 알려

져 오늘날 사용하는 수학 기호가 되었다.

등호 =는 1557년 영국의 레코드가 『지혜의 숫돌』에서 처음 썼는데, 2개의 평행선을 길게 써서 같다는 표시를 했다. 이것이 나중에 짧게 줄여져 오늘날의 등호 기호로 쓰이게 되었다. 제곱근 기호 루트 $\sqrt{\ }$는 1525년에 루돌프가 만들었다. 근을 뜻하는 단어 root의 첫 문자에서 따온 r이 변해서 지금의 모양이 되었다. 부등호 <, >는 영국 수학자 해리엇이 저서에서 대수방정식 풀이를 할 때 처음 사용했다.

곱셈과 나눗셈 기호는 17세기에 만들어졌다. 곱셈 기호 ×는 1631년에 영국의 오트레드가 쓴 『수학의 열쇠』라는 책에서 처음 쓰였다. 그 직후에는 문자 x와 비슷하여 잘 사용되지 않았으나 19세기부터 많이 쓰이게 되었다. 또 나눗셈 기호 ÷는 1659년 스위스의 수학자 란이 대수책에서 처음 사용했다. 이 기호는 분수의 모양에서 따와서 분자와 분모를 점으로 나타냈다.

특히 16세기 프랑스의 비에트가 사용한 기호들이 대수학의 발전에 크게 기여했다. 비에트는 미지수를 a, e 등 알파벳 모음으로 나타냈는데 이것을 17세기 데카르트가 개선해서 대수학 기호로 정착시켰다. 데카르트가 쓴 「기하학」에서 미지수를 알파벳 뒷부분의 소문자 x, y, z로 나타냈고 상수를 알파벳 앞부분의 소문자 a, b, c 로 나타냈다. 또 거듭제곱을 사용하여 x^2, x^3으로 표기했다. 이 기호들이 오늘날 사용하는 대수학 기호가 되었다.

↑ 1489년 비트만이 쓴 「산술서」. 이 책에서 덧셈과 뺄셈 기호를 처음 썼다.

수학 기호가 만들어지고 대수학이 발전하던 시기에 소수도 발명되었다. 그전까지는 분수만 사용되어 불편이 컸는데, 1585년 벨기에의 시몬 스테빈이 소수를 처음 만들었다. 군대의 회계 책임자였던 스테빈은 이자 계산을 하면서 어려움을 겪었다. 당시에는 소수가 없어 분수로 이자를 계산해야 했는데 약분이 안 되거나 분모가 다른 분수를 계산할 때 값을 구하기가 몹시 힘들었다.

스테빈은 분수 계산을 하다가 분모를 10, 100, 1000으로 통분하여 분자만 따로 쓰면 매우 편리하다는 것을 발견했다. 그렇게 1보다 작은 수를 표시하는 소수를 발명했다. 소수는 1보다 작은 수를 다룰 때 분수보다 훨씬 편리했으므로 스테빈의 소수 발명은 획기적인 업적이었다.

지금 우리가 사용하는 달력인 그레고리력은 16세기에 만들어졌다. 그전까지 유럽에서는 이집트 달력을 적용해 기원전 46년에 만든 로마의 율리우스력을 썼다. 율리우스력에서는 1년을 평균 365.25일로 하여 4년마다 윤년을 두었으나 이렇게 해도 매년 지구의 공전 주기인 365.242196과 0.007804일, 즉 11분 23초 차이가 난다. 128년이 지나면 하루의 오차가 생겼고 16세기에 이르러서는 열흘 이상 차이가 났다. 그러자 춘분이 달라져 부활절 날짜까지 바뀌는 중대한 문제가 발생했다.

그래서 교황 그레고리우스 13세는 1582년 10월 4일의 다음 날을 10월 15일로 정하고 수학자 클라비우스를 시켜 달력을 새로 만들었다. 그리하여 1582년 10월 5일부터 14일까지 열흘이 달력에서 통째로 없어져 역사에 흔적을 전혀 남기지 못했다. 이때 만들어진 달력이 그레고리력으로 불리며 오늘날까지 쓰인다.

그레고리력은 윤년을 지구의 공전 주기에 아주 많이 근접하도록 계산하여 만든 것이다. 즉 윤년을 4년마다 두되 100의 배수인 해는 윤년에서 제외했고, 400의 배수가 되는 경우에는 윤년으로 정했다. 그래서 2000년은 400의 배수이므로 윤년이고 2100년은 윤년이 아니다. 또 공전 주기를 365.242196일로 하면 1년에 0.000304일(약 26초)의 차이가 나서 3323년마다 하루가 더 많아지는데, 이를 보충하기 위해 4000년마다 윤년에서 제외하도록 했다. 이 그레고리력은 이탈리아와 가톨릭 국가에서 사용되다가 20세기에 전 세계에서 사용되었다. 우리나라는 1895년부터 그레고리력을 도입했다.

로마에서 인쇄된 그레고리력 표지.

그레고리력을 만든 독일 수학자 클라비우스.

당시 스테빈은 소수 첫째, 둘째, 셋째 등의 자릿수를
①, ②, ③과 같이 써서 표시했다. 오늘날과 같이
일의 자리 다음에 소수점을 찍는 표기법은 17
세기 네이피어가 처음 썼고, 200여 년이 지
난 후에야 널리 사용되며 정착되었다.

↑ 소수를 발명한 시몬 스테빈.

방정식 해법의 발견과 대결

수학 기호의 사용으로 대수학이 발전하며 방정식
연구가 활발해졌다. 그동안 방정식 이론은 9세기 알 콰리
즈미가 이차방정식의 해법을 밝힌 후로 오랫동안 큰 성과가 없었다.
수학자들은 삼차 이상 고차 방정식의 해법을 찾으려고 노력해 왔다.
마침내 16세기에 이탈리아 수학자들이 삼차방정식과 사차방정식의
해법을 발견했다. 그 과정에서 수학자들 사이에 방정식 풀이를 두고
다툼이 있었고 시합도 벌어졌다.

 이탈리아의 페로가 삼차방정식 $x^3+mx=n(m, n>0)$의 해법을 최초
로 풀고는 제자 피오르에게만 알려 주었다. 그 뒤 1535년 타르탈리아
가 삼차방정식 $x^3+mx^2=n$의 풀이 방법을 발견했다. 두 사람 모두 삼
차방정식의 해법을 완벽하게 알아낸 것은 아니었고 풀이 방법도 달랐
다. 피오르와 타르탈리아는 누구의 방법이 더 탁월한지 밝히기 위해 삼
차방정식을 푸는 시합을 공개적으로 벌였다. 결과는 타르탈리아의 압

승이었다. 상대방에게 낸 문제를 타르탈리아는 모두 풀었지만 피오르는 한 문제도 풀지 못한 것이다.

그 이후 카르다노라는 수학자가 시합에서 이긴 타르탈리아를 찾아와 해법을 알려 달라고 간청했다. 타르탈리아는 연구를 더 해서 삼차방정식 해법을 완성한 다음 발표할 생각이었지만, 카르다노의 끈질긴 설득에 비밀을 지키겠다는 약속을 받고 해법을 가르쳐 주었다.

그런데 카르다노는 1545년 자신의 책에 삼차방정식의 해법을 발표했다. 타르탈리아의 풀이를 좀 더 발전시켜 삼차방정식 $x^3 + ax^2 + bx + c = 0$의 일반적인 해법을 완성한 것이다. 타르탈리아는 억울하고 분했지만 카르다노의 공식은 인정받을 수밖에 없었다. 그 후 사차방정식의 해법은 카르다노의 제자 페라리가 밝혀냈다.

삼차방정식과 사차방정식의 해법이 나온 후, 오차방정식의 해법을 많은 수학자가 연구했으나 오랫동안 성과가 없었다. 다만 1797년 가우스가 다항식의 해에 관한 '대수학의 기본 정리'를 밝혔다. $n \geq 1$일 때 모든 n차 다항식은 n개의 해를 가진다는 이론이다. 즉 이차방정식은 해가 2개, 삼차방정식은 해가 3개라는 것이다. 가우스의 정리로 오차방정식의 해가 5개임이 짐작되었으나 해법은 여전히 밝혀지지 않았다.

마침내 1824년 노르웨이의 수학자 아벨이 오차방정식의 해법을 구할 수 없음을 증명했다. 즉 오차방정식 $ax^5 + bx^4 + cx^3 + dx^2 + ex + f = 0$은 근의 공식이 없다는 것이다. 얼마 뒤 프랑스의 갈루아도 같은 연구를 해서 '오차 이상의 방정식은 대수적 방법으로 풀 수 없음'

↑ 삼차방정식의 해법을 다룬 카르다노의 저서.

을 증명했다. 두 젊은 수학자가 비슷한 시기에 같은 결론을 증명한 것이다.

물론 두 사람은 상대편의 연구에 대해 알지 못했다. 갈루아의 해법은 아벨의 결론보다 더 발전된 성과로, 오차방정식뿐 아니라 모든 고차방정식에 적용할 수 있다. 이는 놀랍게도 갈루아가 10대에 이룬 업적이다. 뛰어난 수학자였던 갈루아는 1832년 결투에 나가 20세 나이에 숨지고 말았다. 아벨 또한 20대에 요절했다.

갈루아의 수학은 그가 숨진 뒤에야 알려졌다. 갈루아는 생애 마지막 날에 죽음을 예감하고 자신이 연구한 것을 친구에게 보내는 편지에 써

↕ 아벨의 초상. 노벨상에 수학 부문이 없어서 노르웨이
에서 2003년 이 분야 상을 만들어 그 이름을 아벨상이라
고 했다.

↕ 갈루아가 남긴 편지. 숨지기 전에 휘갈겨 쓴 편지에 오차
방정식의 해법이 담겨 있었다.

벡터 🖉

크기와 방향을 가진 선분으로
표시되는 양.

행렬 🖉

행과 열로 배열한 수의 집합.
현대대수학에서는 행렬식을
다룬다.

서 남겼다. 갈루아의 수학 논문이 된 이 편지에 오차방정식의 해법과 '군론'으로 불리는 새로운 이론이 담겨 있다. 갈루아의 이론은 당시에는 아무도 이해하지 못했다가 70여 년이 지난 20세기에야 연구되었다. 갈루아 이론은 현대 수학자들에게 큰 영향을 주었고 추상대수학으로 불리는 현대대수학의 발전에 기여했다. 현대대수학은 군론을 비롯한 추상 집합의 연산, 벡터와 행렬(matrix)에 관한 대수방정식 등 추상적 영역을 다룬다.

인류 역사를 바꾼 방정식

수학 공식은 대부분 방정식으로 되어 있다. 도형의 넓이를 구하는 공식부터 피타고라스의 정리, 근의 공식을 비롯해 함수, 확률, 미적분 공식도 모두 방정식이다. 또한 많은 과학 법칙이나 공식도 간결하고 정교한 방정식으로 표현된다. 대표적으로 뉴턴의 만유인력의 법칙과 아인슈타인의 상대성 이론도 방정식으로 다루어진다.

뉴턴의 만유인력의 법칙은 "우주에 있는 임의의 두 물체는 그 질량의 곱에 비례하고 그들 사이 거리의 제곱에 반비례하는 힘으로 서로 끌어당긴다."라는 이론으로 다음과 같은 방정식으로 나타낸다.

$$F = G\,\frac{m_1 m_2}{r^2}$$

(F는 인력, G는 중력 상수, 질량 m_1, m_2, 거리 r)

문자와 기호를 사용한 방정식이 없다면 위의 명제처럼 긴 문장으로 쓸 수밖에 없을 것이다. 20세기 아인슈타인이 발견한 상대성 이론 또한 간단한 방정식으로 표현되어 널리 알려져 있다. 이 이론은 "물질의 에너지는 질량에 빛의 속도의 제곱을 곱한 것과 같다."라는 명제인데 간단한 공식으로 나타냈다.

$$E = mc^2$$

(E는 물질의 에너지, m은 질량, c는 빛의 속도)

아인슈타인의 '질량과 에너지의 관계식'으로 불리는 이 방정식은 뉴턴의 이론을 넘어서는 중력에 관한 새로운 이론으로 20세기 과학에 큰 영향을 주었다. 빛, 물질, 중력을 다루며 우주의 탄생과 진화의 비밀을 푸는 데 중요한 역할을 하여 현대 과학의 발전을 이끌었다. 뉴턴과 아인슈타인의 방정식은 인류 역사를 바꾼 가장 중요한 공식으로 꼽힌다.

위의 두 공식을 비롯해 '인류 역사를 바꾼 세계에서 가장 중요한 10가지 수학 공식'이 1971년에 선정되었다. 기본 연산 법칙 $1+1=2$와 앞서 설명한 피타고라스의 정리, 아르키메데스의 지렛대 법칙이 선정되었으며 그 밖의 공식으로는 네이피어의 로그 법칙, 맥스웰의 전기와 자기 방정식, 볼츠만의 기체 방정식, 치올콥스키의 로켓 방정식, 드브로이의 물질파 방정식이 있다. 이처럼 인류 역사에서 가장 중요한 과학 법칙에 방정식이 쓰인다.

미지수를 구하는 방정식은 일상생활에서도 자주 쓰인다. 물건의 수

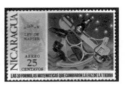

◀┈ '인류 역사를 바꾼 세계에서 가장 중요한 10가지 수학 공식'을 담아 발행된 기념우표.

량이나 길이, 넓이를 구하거나 속도와 시간, 거리 등 실생활에 필요한 문제가 있을 때 방정식을 풀어서 해결한다. 날씨, 금융, 영상, 게임 등에도 방정식을 활용한 수학 공식이 적용되고 있다. 방정식으로 대기의 온도와 기상 변화를 파악하고 주식 변동과 환율, 금리를 계산한다.

방정식으로 지진이 일어난 곳을 찾아라!

지진은 자연재해 중에서도 가장 파괴력이 크다. 우리나라 지진 관측 기록에서 가장 규모가 컸던 지진은 5.8 규모로 2016년 9월 경상북도 경주에서 발생했다. 이듬해 11월에는 포항시에서 5.4 규모의 지진이 발생했다. 이 지진으로 인해 이튿날 치러질 예정이던 대학수학능력시험이 일주일 미루어지기도 했다.

지진의 규모를 나타낼 때는 리히터 척도를 사용한다. 1부터 시작해서 숫자가 클수록 지진의 강도가 세다. 리히터 표시에는 상용로그를 사용하는데 척도가 한 단계 올라가면 지진의 규모는 10배씩 증가한다. 규모가 5단계 올라가면 10만 배나 강도가 센 것이다. 상용로그의 값이 5이면 10^5에 해당한다. ($a^b = x$일 때 a를 밑으로 하는 x의 로그는 $\log_a x = b$이다.) 로그의 값은 지수, 곧 거듭제곱에 해당하며 상용로그는 10의 거듭제곱을 나타낸 것이다.

지진이 지하에서 일어난 기점을 진원이라 하고, 진원에서 지표면을

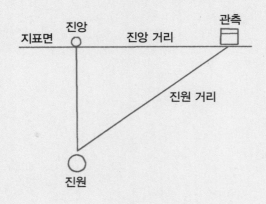

연결한 지점을 진앙이라 한다. 즉 진앙은 지구 중심과 진원을 연결한 직선이 지표면에 닿는 지점이다. 지진이 발생하면 진원에서 진동이 일어나 파동이 전파된다. P파와 S파가 지구 내부를 통과하여 지표에 도달한 후 표면파가 지표를 따라 전파된다. 이때 P파와 S파는 서로 다른 속도로 이동한다. P파가 S파보다 먼저 지진 관측소 기록계에 도달하므로, 두 파가 도달하는 시간 차이를 이용하면 진원지를 찾을 수 있다.

예를 들어 지진 관측소에 초속 7km 속도의 P파가 도달한 후 15초가 지나서 초속 4km 속도의 S파가 도달했다고 할 때 지진이 발생한 진원지까지의 거리를 구해 보자. '거리=속도×시간'이므로 시간은 $\dfrac{거리}{속도}$ 가 된다. 진원까지의 거리를 x로 할 때 초속 7km 속도의 P파가 걸린 시간은 $\dfrac{x}{7}$, 초속 4km 속도의 S파가 걸린 시간은 $\dfrac{x}{4}$ 이다. S파가 걸린 시간이 길므로 S파가 걸린 시간에서 P파가 걸린 시간을 뺀 것이 15초이다. 다음과 같은 방정식을 만들 수 있다.

$$\frac{x}{4} - \frac{x}{7} = 15$$

$$\frac{7x - 4x}{28} = 15 \qquad 3x = 28 \times 15 \qquad \therefore x = 140$$

관측소에서 진원까지의 거리는 140km이다. 진원에서 지표면에 수직인 지점을 찾으면 진앙의 위치도 알 수 있다.

함수

변수에 따라 값이 정해지다

7 파리의 위치를 나타내려면?

1618년경 '30년 전쟁' 중인 유럽의 군대 막사.

데카르트는
군 막사의 침대에 누워
생각에 잠겼다.

몸이 좀 허약함.

저 파리는 천장의 위쪽에 있다고 해야 할까,
아래쪽에 있다고 해야 할까? 왼쪽에 있다고 해야 할까,
오른쪽에 있다고 해야 할까?

가로세로
수직선을 그려
나타내 보자.

[
**자연이라는 위대한 책은
수학의 언어로 씌어 있다.**

👤 갈릴레오 갈릴레이, 16~17세기 이탈리아의 수학자 · 물리학자
]

데카르트의 좌표평면

르네상스 시기, 유럽은 항해술이 발달해 해상 활동을 활발히 하면서 '신대륙'을 개척해 식민지를 건설했다. 그 과정에서 지리상 위치를 나타내는 방법을 찾고 지도를 만들게 되었다. 1569년 네덜란드의 지리학자 메르카토르는 수학적인 방법으로 구형의 지구를 평면의 세계 지도로 만드는 '메르카토르 도법'을 처음 생각해 냈다. 그의 사후인 1595년 메르카토르 지도책이 발간되었다. 메르카토르의 지도법은 오늘날까지 평면 지도를 만드는 데 영향을 주고 있다.

17세기 들어 지도 제작이 활발해지며 위치를 표시하는 문제에 관심이 커졌다. 특히 넓은 바다를 항해하는 선박의 위치와 항로를 쉽게 나

↑ 메르카토르 세계 지도.

타낼 방법이 필요했다. 프랑스의 데카르트가 획기적인 발상으로 좌표 평면을 발명했고, 그 덕분에 위치를 좌표로 간편하게 나타낼 수 있게 되었다.

데카르트는 "나는 생각한다. 그러므로 나는 존재한다."라는 말을 남긴 근대 철학의 아버지로 유명하지만 17세기 수학에 큰 업적을 세운 수학자이기도 하다. 좌표평면을 발명했을 뿐만 아니라 새로운 기하학을 개척했다.

1596년 프랑스 투르에서 태어난 데카르트는 어릴 때부터 몸이 허약해 아침 늦게까지 누워 있을 때가 많았다. 그러면서 침대에 누워 생각하는 습관을 평생토록 지니게 되었다. 철학과 수학에 대한 착상도 이 아침 명상 시간에 주로 싹텄다고 한다.

데카르트는 군대에 가 있을 때도 습관대로 누워 있다가 좌표평면을 발명했다. 우연히 천장에 있는 파리 한 마리를 보았고, 파리의 위치를 나타내는 방법을 찾으려다 가로세로 수직선을 그린 좌표평면을 생각해 냈다. 좌표평면을 만들어 파리의 위치를 좌표로 표시했다. 이때 가로의 수직선을 x축, 세로의 수직선을 y축이라 하고, 두 좌표축의 교점에 x, y 좌표를 표시한다.

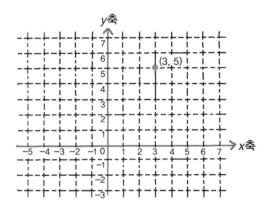

데카르트가 좌표평면을 만든 것은 수학사에서 획기적인 업적이다. 좌표를 이용하면 방정식, 함수 같은 대수식을 기하학적 그래프로 그릴 수 있기 때문이다. 예를 들어 이차방정식의 값을 좌표평면에 나타내면 포물선 모양의 기하학적 그래프가 된다. 또한 포물선 도형을 좌표로 나타내고 그 값으로 이차방정식을 만들 수 있다. 좌표로 나타낸 기하학 그래프를 대수 방정식으로 나타낼 수 있는 것이다.

이것은 수학사에서 큰 전환점이 된다. 대수에서 기하학을 다루고 기하에서 대수학을 다룰 수 있게 되었기 때문이다. 그전까지 수학에서는

대수와 기하가 서로 다른 영역으로 구분되어 다루어
졌지만 이제 두 영역이 서로 오갈 수 있게 되었다. 이
를 두고 "데카르트가 대수와 기하 사이에 운하를 만
들었다."라고도 말한다. 대수와 기하, 두 영역이 좌표
라는 운하를 통해 자유롭게 오갈 수 있게 되었다는
뜻이다.

↑ 「데카르트의 초상」, 17세기
경 작.

데카르트에 의해 대수와 기하를 통합해 연구하는
해석기하학이 탄생했다. 해석기하학에서는 기하학적
도형을 좌표로 나타내고 그 관계를 대수방정식으로
써서 연구한다. 데카르트의 해석기하학은 그가 쓴 『과학과 여러 학문
에서 진리를 탐구하기 위한 방법의 서설』이라는 책에 나온다. 간단히
'방법 서설'로 불리는 이 책은 모든 과학의 철학적 방법에 대한 책이다.

데카르트는 젊은 시절부터 모든 과학에 적용할 수 있는 철학 방법을
찾는 데 전념했다. 하지만 당시 프랑스는 종교 개혁에 대한 탄압이 심
했고 과학 탐구도 자유롭지 못했다. 데카르트는 『천체론』을 집필했을
때, 지구 자전설을 주장하던 갈릴레이가 교회로부터 유죄 판결을 받았
다는 소식을 듣고는 이 책의 발표를 포기해 버릴 정도였다. 데카르트
는 연구를 위해 프랑스를 떠나 네덜란드에서 살며 1637년에야 『방법
서설』을 완성할 수 있었다.

이 책에는 「기하학」이라는 특별한 부록이 있다. 여기에 '데카르트의
좌표기하학'이라고 불리는 해석기하학에 관한 내용이 나오는데, 이차
방정식과 고차 방정식의 해법, 포물선 같은 곡선의 방정식을 다루었다.

↕ 데카르트가 1637년 「방법서설」에 발표한 「기하학」.

한편 17세기 프랑스를 대표하는 수학자 페르마 또한 해석기하학을 창시했다. 데카르트가 도형에서 출발해 대수식을 연구한 반면에, 페르마는 대수 방정식에서 출발해 기하학으로 접근했다. 쌍곡선, 타원, 포물선 등 곡선의 방정식을 다루어 해석기하학을 연구했다. 페르마가 쓴 논문과 편지에 그 연구 내용들이 담겨 있었으나 페르마의 모든 저술은 사후에 발표되었기 때문에 데카르트의 좌표기하학이 세상에 먼저 알려졌다.

데카르트는 1644년 『철학의 원리』를 펴내고 당대에 최고의 명성을 떨쳤다. 그 명성을 듣고 학문을 좋아한 스웨덴 여왕이 간곡히 초청했고 데카르트는 마지못해 스웨덴으로 갔다. 데카르트는 추운 곳에서는 인간의 사고도 물처럼 얼어 버린다고 말하며 추운 나라를 싫어했다. 그런데 추운 나라인 스웨덴에서, 평생 습관인 늦잠을 포기하고 여왕에게 새벽 강의를 하느라 건강을 해치고 말았다. 결국 이듬해 1650년 데카르트는 폐렴에 걸려 세상을 떠났다.

*x*에 따라 *y*의 값이 정해지는 함수

17세기 유럽에는 사회 변화가 크게 일어났다. 생산력이 높아지고 기술이 급속히 발달했으며 아메리카 대륙으로 진출하는 한편, 종교 개혁과 프랑스의 수학자 페르마(1601~1665)는 해석기하학, 정수론, 확률론, 미적분학 등 17세기에 나온 새로운 수학 분야들을 개척했다. 직업이 법관이었는데 여가에 수학을 공부하다가 연구에 몰두하게 되었다. 페르마는 많은 이론을 발견했지만 논문을 발표하거나 증명을 남기지는 않았다. 그래서 그의 이론들은 오랫동안 수수께끼로 남아 있었다.

페르마는 자신이 발견한 이론을, 읽던 책에 메모하듯 써 놓은 경우가 많았다. 특히 정수론에 관한 중요한 이론이 많았는데 이들 이론은 나중에 라이프니츠, 오일러, 라그랑주, 가우스 등 후대의 뛰어난 수학자들이 증명했다. 그런데 오직 한 가지 이론만은 증명되지 않고 남아서 '페르마의 마지막 정리'로 불렸다. 이 정리는 당시 출판된 디오판토스의 『산수론』 2권의 한 문제 옆 여백에 메모되어 있었다. 그리고 이런 말이 덧붙여져 있었다. "나는 이미 이것을 확실히 증명했지만, 여백이 좁아서 여기에 쓸 수 없다."

페르마의 마지막 정리를 오일러가 풀다가 다음과 같은 명제로 만들었다.

"정수 n이 2보다 클 때 방정식 $x^n + y^n = z^n$을 만족시키는 정수 해는 존재하지 않는다."

n이 2일 때는 $x^2 + y^2 = z^2$으로 피타고라스의 정리가 성립한다. 하지만 3 이상일 때는 $x^n + y^n = z^n$이 성립하지 않는다는 것이다. 이를 증명하기 위해 많은 수학자가 도전했으며 상금이 걸리기도 했지만 오랜 세월 아무도 풀지 못했다. 그래서 페르마의 마지막 정리는 최대의 수학 난제로 불렸다. 1995년 드디어 영국 수학자 앤드루 와일스가 350여 년 만에 이를 증명했다.

⬅⋯ 수학자 페르마의 초상.
⬆ 페르마 탄생 400주년과, 페르마의 마지막 정리 증명을 기념한 우표.

영토 문제로 전쟁이 끊이지 않았다. 기존의 진리를 뒤엎는 새로운 과학 법칙도 쏟아져 나왔다. 지구는 우주의 중심이 아니며 태양의 주위를 돈다는 이론이 제기되었다. 신 중심의 사회가 무너져 갔고 세상은 놀랍도록 변했다. 여러 사회 변화를 겪으면서 변화의 요소가 되는 변수가 많아졌다. 그러면서 변수를 다루는 문제가 제기되었다.

데카르트의 좌표평면과 해석기하학이 탄생하면서 수학에서 변수를 본격적으로 다루기 시작했다. **변화하는 양(변량)**을 x, y 같은 변수로 나타내고 이들 관계를 다루는 수학이 발달했다. 움직이는 물체의 운동을 다룰 때 변수가 많이 사용된다. 예를 들어 시간에 따른 속도와 거리의 변화를 다룰 때 변량을 x, y 변수로 나타낸다.

특히 물체의 낙하 운동에서 변수가 활발히 다루어진다. 낙하하는 물체는 중력 때문에 속도가 점점 커지는데 이때 가속도가 일정하게 유지되는 등가속도 운동을 한다. 지구에서 중력 가속도 g는 9.8m/s^2(s는 초)의 값이다. 시간을 x초, 속도(m/s)를 y라 하면 아래의 표와 같다.

x(초)	0	1	2	3	4	5
y(속도)	0	9.8	19.6	29.4	39.2	49

표를 보면 시간 x의 값에 따라 속도 y의 값이 정해지는 것을 알 수 있다. 시간이 지남에 따라 속도가 일정한 비율로 커진다. x의 값이 1배, 2배, 3배…가 됨에 따라 y의 값은 9.8의 1배, 2배, 3배…가 된다. x의 값에 따라 y의 값이 정비례하여 증가한다. 좌표평면에 x, y의 값을 좌표로 표시할 수 있고 그 좌표를 이으면 직선 모양의 그래프가 된다.

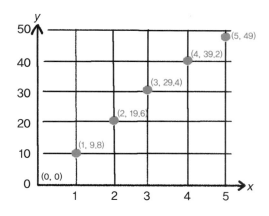

이때 x, y 사이의 관계를 나타내면 다음과 같은 식이 된다.

$$y = 9.8x$$

만약 물체가 10초 동안 떨어졌다면 x의 값에 10을 대입하여 속도 y의 값을 구하면 된다.

$$y = 9.8 \times 10 = 98(\text{m/s})$$

이와 같이 변하는 양을 나타내는 두 변수 x, y에 대하여, 변수 x의 값이 정해짐에 따라 다른 변수 y의 값도 정해질 때 y를 x의 **함수**라고 정의한다. 기호로는 $y = f(x)$와 같이 나타낸다. x에 대한 일차식을 **일차함수**, 이차식을 **이차함수**라고 부른다.

함수를 수학 개념으로 정립하고 그 용어를 처음 사용한 사람은 독일의 수학자 라이프니츠였다. 그리고 스위스의 수학자 오일러가 함수를

차수 ✏️

문자가 곱해진 개수를 '차수'라고 하며, 차수가 1일 때 일차식, 차수가 2일 때 이차식이라한다.

나타내는 기호 $f(x)$를 사용했다.

사실 함수에 대한 개념은 고대에도 있었다. 천체 운동을 관찰하여 주기적 변화를 표로 만들고 규칙적인 비례 관계를 나타낸 것에서 함수의 기원을 찾을 수 있다. 17세기에 이르러 행성과 물체의 운동을 활발히 다루면서 시간과 속도, 거리의 관계를 변수로 나타낸 함수가 본격적으로 발달하게 되었다.

앞에서 살펴보았듯 물체의 낙하 운동에서는 시간과 속도가 함수 관계에 있다. 1604년 이탈리아의 갈릴레이가 낙하하는 모든 물체는 등가속도 운동을 한다고 밝히고, "낙하하는 모든 물체의 속도는 시간에 비례하고 거리는 시간의 제곱에 비례한다."라는 자유 낙하 법칙을 증명했다. 이를 시간(t)과 낙하 거리(s)의 관계식 $s=\frac{1}{2}gt^2$으로 나타낸다. 중력 가속도 g가 9.8m/s²이고, 시간을 x초, 낙하 거리를 ym라 하면 다음과 같은 이차함수가 된다.

$$y = 4.9x^2$$

만약 물체가 10초 동안 떨어졌다면 낙하 거리는 얼마나 될까? x에 10을 대입하면 거리 y를 알 수 있다.

$$y = 4.9 \times 10^2 = 490(\text{m})$$

좌표평면에 함숫값을 나타내 그래프를 그리면 함수의 변화를 한눈에 파악할 수 있다. 함숫값이 얼마나 증가하고 감소하는지 알 수 있는 것이다. x가 1, 2, 3…일 때 y의 값을 점으로 표시하고, 이 좌표를 이어서 그래프를 그린다. 일차함수의 그래프는 직선 모양이지만 이차함수 $y = ax^2$의 그래프는 포물선 모양이다. $a > 0$이면 아래로 볼록, $a < 0$이면 위로 볼록한 모양이 된다.

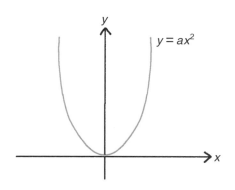

$$y = ax^2$$

이 함수에서 낙하 운동은 시간과 속도, 거리와는 관계가 있으나 물체의 무게와는 관계가 없다는 것을 알 수 있다. 갈릴레이 이전까지 사람들은 물체의 낙하 속도는 무게에 따라 결정된다는 아리스토텔레스의 주장을 믿어 왔다. 하지만 갈릴레이의 법칙으로 그렇지 않음이 밝혀졌다. 공기의 저항이 없을 때 물체는 똑같은 시간에 떨어진다. 2000년간 따랐던 원리가 잘못되었음이 갈릴레이에 의해 증명되었다.

갈릴레이는 당시 금지된 코페르니쿠스 체계(지구와 다른 행성들이 태양의 주위를 돈다는

갈릴레이 초상.

태양계 이론)를 연구하고 망원경을 발명해 근대 과학의 발전에 큰 공헌을 했다. 이 같은 연구를 수학 이론을 바탕으로 했기 때문에 갈릴레이는 수학의 발전에도 기여했다. 방정식과 함수, 확률, 미적분 등 수학의 많은 분야에서 업적을 쌓았다. 갈릴레이는 이렇게 말했다.

"자연이라는 위대한 책은 수학의 언어로 씌어 있으며 수학을 이해해야만 읽을 수 있다."

함수는 서로 대응하는 관계

함수는 두 변수 사이의 관계를 다루는 수학이다. 변수 x에 따라 y의 값이 정해지는데, 이때 하나의 x 값에 y 값이 하나씩 대응된다. 19세기 수학자인 프랑스의 코시와 독일의 디리클레는 함수를 두 변수 사이의 대응 관계로 정의했다. 함수를 대수식으로만 본 것이 아니라 두 집단 사이의 대응 관계로 이해한 것이다. 1837년 디리클레는 "함수 $y=f(x)$에서 모든 x에 대해 대응하는 y는 하나밖에 없다."라는 함수의 개념을 명확히 제시했다.

그 후 20세기 집합론의 영향으로 함수는 두 집합 사이의 대응 관계로 규정되었다. 즉 "두 집합 X, Y에 대하여, X의 각 원소에 Y의 원소가 하나씩 대응될 때 f를 X에서 Y로의 함수"라고 한다. 이때 집합 X를 정의역, Y를 공역(변역)이라 하고 집합 Y에서 함숫값을 갖는 원소들을 치역이라 한다.

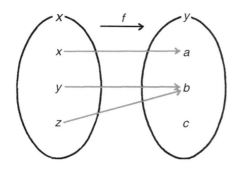

오늘날 함수는 '임의의 집합 사이의 관계'로 정의된다. 두 집합의 원소 사이에 서로 대응하는 값이 있으면 함수 관계가 성립한다. 우리 주변에서도 서로 대응 관계에 있는 함수를 많이 볼 수 있다. 예를 들어 전화번호의 경우 전화번호의 집합을 X 정의역이라 할 때 하나의 번호에 한 사람씩 연결되므로 함수의 대응 관계가 성립한다. 주민 등록 번호도 한 사람에 한 번호씩만 짝지어 대응하므로 함수가 된다. 이처럼 일대일 대응하는 경우에 함수가 성립한다.

이와 같은 함수의 원리를 흔히 자동판매기에 비유한다. 음료수 자판기에 돈을 넣고 음료를 하나 택해서 버튼을 누르면 선택한 것이 하나 나오는 원리와 같기 때문이다. 하나의 버튼에 정해진 음료수가 하나씩 나오니 버튼과 음료수는 서로 일대일 대응이 된다. 사다리 타기 게임을 할 때도 마찬가지다. 아무리 사다리를 복잡하게 그려도 언제나 한 사람에 하나씩만 걸린다. 일대일 대응이 되므로 사다리 타기에도 함수의 원리가 들어 있다.

이렇게 함수는 한쪽이 정해지면 다른 한쪽이 정해지는 관계가 된다. x의 값이 주어지면 y의 값이 정해진다. 이런 함수의 원리는 입력과 출력의 원리와 같다. 어떤 조건이 주어지면 이에 대응하는 결과가 도출되는 것이다. 즉 조건을 입력하면 결과가 출력된다.

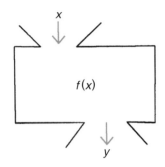

그래서 함수를 알면 결과를 예측할 수 있다. 예를 들어 여름철에 비가 많이 와서 한강 수위가 규칙적으로 올라간다면 시간과 강 수위 사이에 함수 관계가 있다. 만약 1시간에 수위가 12cm씩 올라간다고 할 때 시간을 x, 강의 수위를 y로 하면 $y=12x$라는 함수식을 만들 수 있다. 비가 24시간 동안 계속 내린다면 강 수위는 288cm까지 올라간다. 이런 식으로 시간에 따른 강의 수위를 예상하고 그에 대한 대비를 할 수 있다.

현대 사회에서 다양한 조건의 변화를 이해하고 결과를 예측하는 데 함수가 쓰이고 있다. 컴퓨터 프로그램을 이용해 함수 그래프를 그려서 결과를 산출한 뒤 기상 관측과 환경 오염, 음향과 영상, 네트워크 등 다양한 분야에서 활용한다.

에베레스트산의 정상은 몇 도일까?

세계에서 가장 높은 산인 에베레스트산의 윗부분은 항상 눈으로 덮여 있다. 1년 내내 쌓인 눈이 녹지 않고 만년설을 형성하기 때문이다. 왜 한여름에도 눈이 녹지 않을까? 지면에서 높을수록 기온이 낮아져 높은 산에서는 항상 영하의 기온이 유지되기 때문이다. 지면에서 높이가 1000m 올라갈 때마다 보통 기온이 6°C씩 내려간다고 한다. 예를 들어 높이가 1950m인 한라산 정상은 산 아래보다 약 12°C 낮다.

기온은 높이에 따라 일정한 비율로 내려가므로 기온과 높이는 서로 함수 관계에 있다. 지금 기온이 30°C라고 하고 $x$km 올라갔을 때의 기온을 y라고 하면 다음과 같은 식을 만들 수 있다.

$$y = 30 - 6x$$

기온이 0°C가 될 때의 높이를 구해 보자. y의 값에 0을 대입하여 x의 값을 구한다.

$$30 - 6x = 0 \qquad 6x = 30 \qquad \therefore x = 5$$

따라서 5000m 이상부터 기온이 영하로 내려간다.

에베레스트산의 높이는 8848m라고 한다. 그러면 정상의 기온은 산 아래와 얼마나 차이가 날까?

$$x = 8.848 \text{km}, \qquad -6x = -6 \times 8.848 = -53.088$$

에베레스트산 정상은 산 아래보다 기온이 약 53°C나 더 낮다. 지면의 온도가 30°C일 때 정상은 영하 23°C가 된다.

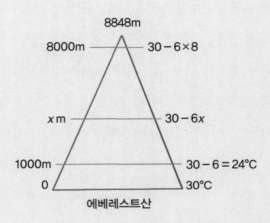

한편 기온을 표시할 때는 주로 섭씨온도를 사용하는데, 이는 물의 어는점 0°C와 끓는점 100°C를 기준으로 그 사이를 100등분하여 정한 것이다. 이와 달리 화씨온도(°F)는 물의 어는점을 32°F로 하고 물의 끓는점을 212°F로 하여 그 사이를 180등분한 온도 체계다. 이 두 온도 단위는 서로 환산할 수 있으며 함수 관계식이 성립한다. 섭씨온도를 C, 화씨온도를 F라 할 때 다음과 같다.

$$F = C \times \frac{9}{5} + 32 \qquad C = \frac{5}{9} \times (F - 32)$$

화씨온도는 미국 등 몇 나라에서 사용되고 있다. 만약 온도가 100°F라면 섭씨온도로는 몇 도가 될까? 위 관계식으로 계산을 하면 37.8°C가 된다.

8화 확률

우연을 법칙으로 만들다

8 도박사의 편지

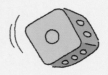

17세기 프랑스 항구.

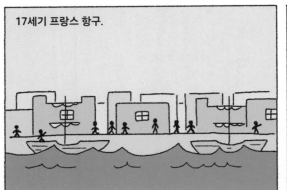

배 기다리는 곳

배를 기다리며 주사위 게임을 하고 있는
상인들과 선원들.

현재 스코어
2:1

자, 이제
내 차례네.

곧 배가 떠납니다.
승선해 주세요!

난 가야 한다네.
내가 건 피스톨 32개는
도로 가져감세.

안 될
소리!

피스톨: 옛 프랑스 금화

어째서 32피스톨인가! 게임을 해서 먼저 3점을 얻은 사람이 64피스톨을 모두 가지기로 하지 않았나!

난 이미 2점을 얻고 있었고, 분명 마지막 판에서도 이길 수 있었어. 그러니 64피스톨은 다 내 거라네!

다음 판과 다다음 판을 내가 다 이길 수도 있는 것 아닌가!

어림도 없는 소리!

자 자, 싸우지들 말게나. 파스칼 선생에게 편지를 써서 해결해 달라고 하자고.

이걸 수학으로 계산해 볼까?

A가 다음 게임에서 이길 확률 $\frac{1}{2}$
A가 다음 게임에서 지고 그다음 게임에서 이길 확률 $\frac{1}{4}$
그러므로 A가 게임에서 이길 확률은 $\frac{3}{4}$

B가 이기려면 다음 두 게임을 모두 이겨야 하므로 B가 이길 확률은 $\frac{1}{2} \times \frac{1}{2} = \frac{1}{4}$ 그러므로

A는 48피스톨을 가지고 B는 16피스톨을 가지면 된다네.

> ## 확률은 수로 표현된 상식이다.
>
> 👤 피에르 시몽 라플라스, 18~19세기 프랑스의 수학자 · 천문학자

주사위 게임에서 탄생한 확률

확률은 동전이나 주사위를 던져 얻는 결과처럼 우연히 일어나는 일을 수학적 방법으로 나타내는 것이다. '앞면이 나온다' '홀수의 눈이 나온다'같이, 일어나는 현상이나 결과를 **사건**이라 하고, 사건의 가짓수를 **경우의 수**라고 한다. 동전은 앞면과 뒷면이 있으므로 나올 수 있는 경우의 수는 2가지이다. 주사위는 면이 6개 있으므로 나올 수 있는 경우의 수는 6가지이다.

확률은 어떤 실험이나 관찰에서 일어날 수 있는 모든 경우의 수에 대한, 어떤 사건이 일어날 경우의 수를 비율로 나타낸 것이다. 즉 일어날 수 있는 모든 경우의 수가 n일 때 어떤 사건이 일어날 경우의 수가 a이

면 확률은 $\frac{a}{n}$이다.

$$확률 = \frac{사건이\ 일어나는\ 경우의\ 수}{모든\ 경우의\ 수} = \frac{a}{n}$$

1개의 동전을 던질 때 나올 수 있는 경우는 2가지이므로 어떤 면이 나올 확률은 $\frac{1}{2}$이다. 또 주사위를 던졌을 때 나올 수 있는 눈은 6가지이므로 어떤 눈이 나올 확률은 $\frac{1}{6}$이다. 보통 주사위 2개를 던져 나오는 눈의 합으로 게임을 많이 한다. 이때 나올 수 있는 경우의 수는 6×6, 즉 36이며 눈의 합이 7인 경우는 6가지가 있으므로 확률은 $\frac{6}{36}\left(\frac{1}{6}\right)$이 된다.

확률은 파스칼이 주사위 던지기 같은 게임 문제를 분석하면서 이론으로 만들었다. 파스칼은 명상록 『팡세』를 쓴 근대 철학자로 유명하지만 17세기 프랑스를 대표하는 수학자이기도 하다. 그는 게임 문제를 수학적으로 연구하여 확률로 발전시켰다.

파스칼이 확률에 관심을 갖게 된 계기는 독특하다. 바로 도박을 좋아하는 친구의 편지 때문이었다. 1654년 파스칼의 귀족 친구인 드메레는 수학에 뛰어난 파스칼에게 편지를 보내 이런 질문을 했다.

"A와 B 두 사람이 똑같이 돈을 걸고 게임을 해 먼저 3승을 한 사람이 돈을 모두 갖는다. 그런데 A가 두 번, B가 한 번 이겼을 때 사정이 생겨 게임을 중단한다면 돈을 어떻게 나눠 가져야 하는가?"

이 문제에 대해 파스칼은 A와 B가 돈을 3:1의 비율로 분배하면 된다고 답했다.

파스칼의 답변을 확률로 계산해 보자. A, B 두 사람이 게임을 할 때 A가 이길 경우와 B가 이길 경우가 있으므로 경우의 수는 2가지이고 확률은 $\frac{1}{2}$이다.

- A는 다음 게임에서 이길 확률이 $\frac{1}{2}$이거나(①), 또는 다음 게임에서 지고 그다음 게임에서 이길 확률이 $\frac{1}{2} \times \frac{1}{2} = \frac{1}{4}$ (②)이다. 그래서 A가 게임에서 이길 확률은 $\frac{1}{2} + \frac{1}{4} = \frac{3}{4}$이다. (① 또는 ②가 되므로 ①+②이다.)

- B가 이기려면 다음 두 게임을 모두 이겨야 하므로 B가 이길 확률은 $\frac{1}{2} \times \frac{1}{2} = \frac{1}{4}$이다.

그러므로 A는 내기로 건 돈의 $\frac{3}{4}$을, B는 $\frac{1}{4}$을 가지면 된다. 즉 A와 B가 가지는 돈은 3:1의 비율이다.

주사위는 인류의 가장 오래된 놀이 도구이다. 판단을 내려야 할 때 주사위를 던져 결정하기도 한다. 어떤 일이 이미 결정되었다는 의미로 흔히 "주사위는 던져졌다."라는 말을 하기도 한다. 유럽에서는 르네상스 시대에 주사위 게임을 많이 했는데, 특히 주사위 2개를 던져 나온 눈의 합에다 내기를 거는 게임이 유행했다. 그러면서 파스칼 이전인 16세기에 이탈리아 수학자들이 게임에 관한 문제를 먼저 연구하기 시작했다. 수학자 카르다노, 갈릴레이가 게임에 관한 책을 내기도 했는데 도박사들도 이 책을 읽었다.

파스칼은 게임 문제를 분석하면서 페르마에게 편지를 써서 논의했다. 그때까지만 해도 교통이 좋지 않아 서로 만나서 학문을 논의하기가 힘들었고 학술지도 아직 없었다. 그래서 학자들은 편지로 교류하는 경우가 많았다. 파스칼과 페르마는 편지를 주고받으며 게임 문제를 수학적으로 연구했고 마침내 확률이 탄생할 수 있었다.

파스칼이 확률을 연구한 직접적인 계기가 도박이기는 했지만, 확률 연구에는 사실 시대적인 필요도 있었다. 앞서 말했듯 17세기 당시 유럽 사회는 신대륙 진출과 종교 개혁, 전쟁 등으로 급격한 변화를 겪었고 예측할 수 없는 일이 많이 발생했다. 무역과 상업으로 큰돈을 버는 경우가 있는가 하면 전쟁에 징집되거나 전염병이 발생해서 갑작스레 죽는 경우도 많았다. 또 항해에서 폭풍우를 만나기도 하고 지진 같은 자연재해가 돌발적으로 일어나 목숨을 잃기도 했다. 그래서 우연히 일어

↑「블레즈 파스칼」, 1690년경 작.

날 수 있는 일을 예측하고 다룰 수 있는 이론이 요구되었다.

확률은 어떤 일이 일어날 수 있는 경우의 수를 계산해서 가능성을 예측하는 것이다. 주사위 던지기처럼 오로지 우연이나 운으로만 일어난다고 믿어왔던 것을 수학자들이 연구해서 이론으로 만들었다. 확률이 비록 게임과 도박에서 출발했지만 수학에서 우연을 다루고 법칙으로 만든 것은 큰 의의가 있다. 불확실한 현상을 확률이라는 수치로 다룰 수 있게 되었기 때문이다.

파스칼의 원리와 계산기

파스칼은 1623년 프랑스 오베르뉴에서 태어났으며 어릴 때부터 수학에 천재적 재능을 발휘했다. 종이접기를 하다가 삼각형 내각의 합을 증명하기도 했다. 다음 그림과 같이 점선을 따라 삼각형을 접으면 삼각형의 내각의 합이 180°임을 증명할 수 있다. 왼쪽은 세 꼭짓점이 내접원의 중심에 모이게 접고, 오른쪽은 꼭짓점들이 밑변의 한 점에 모이도록 접은 것이다.

주사위는 보통 정육면체 모양이다. 그런데 옛날 우리나라에는 면이 14개인 십사면체 주사위가 있었다. 신라 시대에 만든 이 주사위는 놀이에 사용했던 것으로 목제주령구라 불린다. 높이가 4.8cm이고 삼각형 모서리를 깎은 육각형 면 8개와 정사각형 면 6개로 구성되어 있다. 각 면에는 '노래 부르기' '시 한 수 읊기' '소리 없이 춤추기' 등 14가지 벌칙이 쓰여 있다.

그런데 이 십사면체 주사위는 정다면체가 아니기 때문에 각 면이 나올 확률이 똑같지 않다. 과연 주사위 구실을 제대로 할 수 있었을까? 정사각형은 한 변의 길이가 2.5cm로 넓이가 6.25cm²이고, 육각형 면과는 0.015cm² 정도밖에 차이가 나지 않는다. 실제로 목제주령구를 7000번 던지는 실험을 해 보았더니 각 면이 나온 횟수가 평균 500회 정도 되어 확률이 $\frac{1}{14}$이 되었다. 목제주령구는 주사위 역할을 훌륭히 수행할 수 있었을 뿐만 아니라 보통 주사위보다 경우의 수가 훨씬 많은 14가지나 되었다.

↑ 십사면체 주사위 목제주령구. 정면에 보이는 글귀 '공영시과'는 시 한 수 읊기 벌칙을 뜻한다.

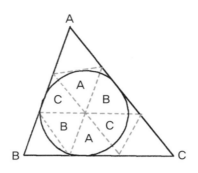
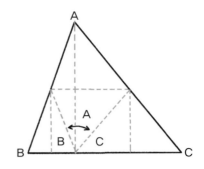

사영기하학

도형의 한 점에서 대상과 입체를 투영하는 것을 사영이라 하고, 사영 변환에 의하여 도형의 변하지 않는 성질을 연구하는 기하학을 사영기하학이라 말한다.

파스칼은 어릴 때 이미 수학자 아버지가 보던 유클리드의 『원론』과 수학 논문까지 섭렵했다. 모두 몇 년은 공부해야 하는 내용이어서 아버지는 어린 아들의 수학 실력에 몹시 놀랐다. 파스칼은 불과 16세에 **사영기하학**과 원뿔곡선에 대한 훌륭한 논문을 썼다. 이를 읽어 본 데카르트는 소년 파스칼이 아닌 아버지의 원고가 틀림없다고 말하며 믿지 못했다. 이 논문에서 파스칼은 '원뿔곡선에 내접하는 육각형의 정리'라는 이론과 함께 400가지가 넘는 명제(따름정리)를 추가로 밝혀냈다.

파스칼이 10대에 남긴 수학 업적은 더 있다. 파스칼은 1642년 18세에 세계 최초로 계산기를 발명했다. 회계 감사를 하던 아버지를 돕기 위해 사칙연산을 할 수 있는 기계식 계산기를 만든 것이다. 다이얼을 돌리면 여섯 자리의 덧셈과 뺄셈을 할 수 있고, 반복하면 곱셈과 나눗셈도 할 수 있었다. 그는 그 뒤로도 계산기를 50여 개나 더 만들었다.

또한 파스칼은 20대였던 1648년 기압에 관한 실험을 하고 압력의 원리를 만들었다. "유체에 주어진 압력은 모든 방향에 같은 크기로 전달된다."라는 파스칼의 원리이다. 파스칼의 이름은 나중에 압력의 단위가 되었다. 우리가 지금 쓰는 압력의 단위가 바로 **파스칼(Pa)**이다.

파스칼(Pa)

압력 단위로, 1Pa은 $1m^2$에 1N(뉴턴)의 힘을 받을 때의 압력이다.

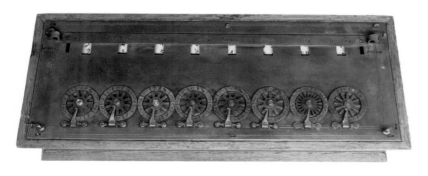

⋯ 1642년에 파스칼이 발명한 세계 최초의 기계식 계산기.

파스칼은 이처럼 수학적 재능이 뛰어났지만 건강이 좋지 않았고, 30대부터는 종교에 열중하여 수학 연구를 포기했다. 그런데 1658년 잠시 기하학을 연구했는데 이때 8일 만에 사이클로이드 곡선 이론을 완성했다. 사이클로이드는 원이 직선 위를 구를 때 원주 위의 한 점이 만드는 곡선이다. 바퀴가 굴러 가면서 만드는 곡선과 같다고 해서 이런 이름이 붙었다. 이 곡선에서 물체가 가장 빨리 움직여 최단강하선이라고도 불린다.

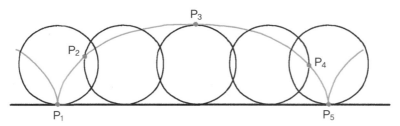

원의 한 점이 P_1부터 P_5까지 움직여 사이클로이드 곡선을 만든다.
이 곡선은 원의 반지름의 8배가 된다.

파스칼의 마지막 연구인 사이클로이드 곡선 이론은 미적분학의 탄생에 중요한 기여를 했다. 만약 파스칼이 수학 연구를 더 할 수 있었더라면 근대 수학의 가장 큰 업적인 미적분학을 파스칼이 발견했을 것이라는 평가도 나온다. 하지만 1662년 파스칼은 건강이 악화돼 세상을 떠났다.

파스칼의 삼각형과 확률

파스칼은 1654년 '파스칼의 삼각형'으로 불리는 『수삼각형론』을 발표했다. 1부터 시작해 두 수를 더한 값이 그 아래의 수가 되도록 삼각형 모양으로 수를 배열한 것이다. 1, 2를 더하면 아래의 수 3이 되고, 1, 4를 더하면 아래의 수 5가 된다. 이런 방법으로 수를 배열해서 수삼각형을 더 만들 수 있다.

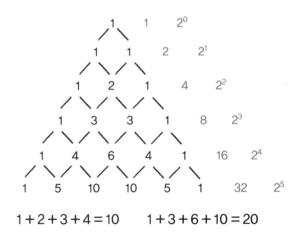

$$1+2+3+4=10 \qquad 1+3+6+10=20$$

파스칼의 삼각형은 수의 배열을 여러 형태로 표현하고 있다. 특히 각 행의 수들을 더하면 1, 2, 4, 8, 16, 32…가 되는데 이는 2^0, 2^1, 2^2, 2^3, 2^4,

$2^5\cdots$으로 2의 거듭제곱을 나타낸다. 그리고 대각선 방향으로 놓인 수들을 모두 더하면 아래의 오른쪽 수와 같다. 즉 사선에 놓인 1, 2, 3, 4를 더한 값이 아래 행의 오른쪽 수인 10이 된다. 또 사선 1, 3, 6, 10…은 1, 1+2, 3+3, 6+4…로 자연수의 합을 나타낸다.

'파스칼의 삼각형'은 이항정리의 계수를 구하는 데 이용할 수 있어서 대수학에서 중요하게 다룬다. 예를 들어 셋째 행의 1, 2, 1은 이항정리 $(a+b)^2$을 전개했을 때의 계수를 나타낸다. 또 다음 행의 1, 3, 3, 1은 $(a+b)^3$을, 그다음 1, 4, 6, 4, 1은 $(a+b)^4$을 전개했을 때 이항계수를 나타낸다.

이항정리 ✏️

두 개의 항으로 된 식의 n제곱인 $(a+b)^n$을 전개하는 공식.

$$(a+b)^2 = a^2 + 2ab + b^2$$
$$(a+b)^3 = a^3 + 3a^2b + 3ab^2 + b^3$$
$$(a+b)^4 = a^4 + 4a^3b + 6a^2b^2 + 4ab^3 + b^4$$

파스칼은 수삼각형을 확률 조합의 계산에 적용했다. 서로 다른 n개의 원소에서 r개를 택할 때 이를 **조합**이라 하고, 기호 $_nC_r$로 나타낸다. 예를 들어 5명의 선수 중에서 3명을 선발하는 방법은 몇 가지일까? 5가지 중 3가지를 뽑는 방법은 $_5C_3$이고, 조합의 수를 계산하면 10가지가 된다.

조합 기호 C ✏️

조합 기호 C는 '조합'을 뜻하는 영어 단어 콤비네이션(combination)의 첫 글자에서 왔다.

$$_5C_3 = \frac{5 \times 4 \times 3}{3 \times 2 \times 1} = 10$$

그런데 5가지 중에서 선택하는 방법 $_5C_1, \ _5C_2, \ _5C_3, \ _5C_4, \ _5C_5$를 계산하

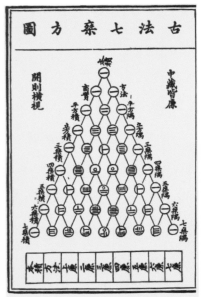

면 5, 10, 10, 5, 1이 된다. 이 수들은 파스칼의 수삼각형에 있는 수의 배열에 해당한다. 이와 같이 파스칼의 수삼각형은 조합의 수를 나타내므로 확률 계산에 적용할 수 있다.

복권의 당첨 확률도 조합 계산으로 구할 수 있다. 1부터 45까지 숫자 중에서 6가지 숫자를 맞히는 종류의 복권은 조합 방법과 같다. 숫자를 맞힐 확률은 조합의 수 $_{45}C_6$을 계산하면 알 수 있다.

$$\square\square\square\square\square\square \qquad {}_{45}C_6 = \frac{45 \times 44 \times 43 \times 42 \times 41 \times 40}{6 \times 5 \times 4 \times 3 \times 2 \times 1} = 8145060$$

복권의 당첨 확률은 $\dfrac{1}{8145060}$ 이다. 확률의 값으로 볼 때 일어날 가능성이 거의 없다. 그래도 당첨자는 나온다. 확률이 낮다고 하여 절대로 일어나지 않는다고 말할 수 없다. 또 확률이 높다고 해서 반드시 일어난다고 말할 수도 없다.

　다만 확률적 이득과 손해를 **기댓값**을 구해 따져 볼 수 있다.
확률 사건에 대한 평균적 이득을 기댓값이라 한다. 네덜란
드의 호이겐스가 어떤 사람이 상금 s를 받을 확률이 p일 때
수학적 기댓값은 sp로 계산한다고 했다. 만약 복권 한 장이
1000원이고 상금이 10억이라면 기댓값은 122원에 불과하다.
복권을 사는 것이 손해인 셈이다.

ⅰ 라플라스

　18세기 야코프 베르누이가 조합에 관한 이론을 만들고 확률론을
정립했다. 그 후 오일러, 라플라스에 의해 확률 이론이 더 발전하여 수
학의 독립적인 분야로 되었다. 19세기 프랑스 수학자 라플라스는 "확
률은 수로 표현된 상식"이라고 말했다.

확률로 예측 가능한 세상

현대에 와서 확률은 자연 과학 분야와 실험에 쓰이며 급속히 발전했다.
대부분의 과학 실험에 확률 계산이 이용되고 확률 수치로 실험 결과를
예측한다. 만약 어떤 실험에서 95%라는 결과가 나왔다면 가능성이 크
다는 것을 알 수 있다.

　확률은 어떤 일이 일어날 가능성을 예측하기 때문에 기업이나 정부
에서도 많이 쓰인다. 예컨대 불량품이 나올 확률이 2%라면 100개 제
품 중에 2개는 불량품일 가능성이 있다. 확률을 통해 기업은 생산 기계

의 결함을 판단하고 새로운 설비를 갖추는 등 불량품에 대한 대책을 세울 수 있다. 또 정부는 전염병 발생률과 치사율로 얼마나 많은 사람이 감염되고 죽을 수 있는지 예상하여 대책을 세운다.

확률은 일상생활에서도 친숙한 용어가 되었다. 비 올 확률, 당첨 확률, 우승 확률, 병에 걸릴 확률 등 확률이라는 말이 흔히 쓰인다. 비 올 확률이 높게 나오면 야외 행사를 취소하기도 한다. 대통령 선거를 치를 때면 투표율과 당선 가능성을 확률로 예측해서 언론사에서 유력한 후보를 미리 알려 주기도 한다. 확률 덕분에 우리는 예측이 가능한 세상에 살고 있다.

비가 올 확률은 어떻게 계산할까?

우리나라에서는 기상 예보를 할 때 강수 확률로 발표한다. 어느 지역에 비가 올 확률이 몇 퍼센트라고 알려 주는 것이다. 이때 기상청에서 '비가 온다'라고 하는 것은 비의 양이 0.1mm 이상이 되는 것이다. 만약 어느 지역에 비가 올 확률이 60%라고 한다면, 비가 올 가능성이 그 비율만큼 있다는 것을 뜻한다. (강수 확률은 강수량과는 관계가 없다.)

비가 올 확률은 일정한 장소에서 일정량의 강수가 발생한 것을 비율로 나타낸 것이다. 즉 과거의 통계 자료를 기초로 한다. 같은 장소에 같은 기상 조건이었을 때 몇 번이나 비가 왔는지를 비율로 나타낸다.

$$비가\ 올\ 확률 = \frac{비가\ 온\ 날의\ 수}{기상\ 조건이\ 같은\ 모든\ 경우} \times 100(\%)$$

즉 오늘 비 올 확률이 60%라고 한다면 이는 어느 지역에 오늘과 같은 기상 조건의 날씨가 100번 있었을 때 그중 60번의 비율로 비가 왔다는 뜻이다. 한편 예년보다 강수량이 많거나 적은 경우도 알려 주는데, 이때 '예년'이라는 것은 과거 30년의 통계치를 말한다.

그런데 일기 예보에서 비 올 확률이 60%라고 하면 외출할 때 우산을 준비해야 할까, 말아야 할까? 이는 사람마다 판단하기 나름이다. 확률이 높다고 하여 반드시 일어나는 것이 아니고, 확률이 낮다고 하여 절대로 일어나지 않는다고 말할 수 없다. 확률은 일어날 가능성을 알려 주지만 어떤 일이 꼭 확률 수치대로 발생하는 것은 아니다.

날씨를 예측하려면 많은 관측 자료와 정보를 가지고 복잡한 수학 계산을 해야만 한다. 날씨에 영향을 주는 바람, 온도, 습도, 기압 등 수많은 요인을 고려해서 컴퓨터로 계산한다. 여기에는 수학을 적용한 수치예보 프로그램이 이용된다. 이것은 운동량, 질량, 열, 수증기에 관한 물리 법칙 등을 방정식으로 나타내 컴퓨터가 실행하도록 수학적 알고리즘 모델을 구성한 것이다. 컴퓨터로 대기의 운동, 기온의 변화, 수증기량의 변화 등을 다루는 복잡한 방정식을 풀게 하여 기상 예보 수치를 얻는다.

이와 같이 날씨 예보에는 엄청난 양의 계산이 필요하므로 고속 슈퍼컴퓨터가 사용된다. 우리나라 기상청에서도 최신 슈퍼컴퓨터로 수치예보 결과를 산출한다. 고속 슈퍼컴퓨터로 기상 모델을 시험적으로 모의할 수 있기 때문에 일주일 이상 앞서 강수량과 기온 편차 등을 상세하게 예보한다.

9 통계

수치로 전체를 추측하다

⑨ 사망자 수를 집계하라!

1660년경
영국 런던.

존's 잡화점

안녕하세요?

존 그랜트 씨,
안녕하긴!
간밤에 옆집 ○○도,
뒷집 ○○도
갔다네….

이번엔
수만 명이
죽은 것
같아요.

정말 큰일이야!
이게 모두 그놈의
항해 조례 때문이지.

항해 조례의 내용이
도대체 뭐길래….

항해 조례

모든 식민지의 물품은
영국을 경유해야 한다.

이로 인해 런던 항구에는 전 세계에서 선박과 물자,
사람이 몰려들었다.

런던시는 급격히 사람이 늘었고 전염병까지 돌았다.

런던으로 들어오는 선박 수와 전염병 사망자 수가 관계있을까? 교회 주보에 매주 사망자가 나오니 주보를 살펴봐야겠어.

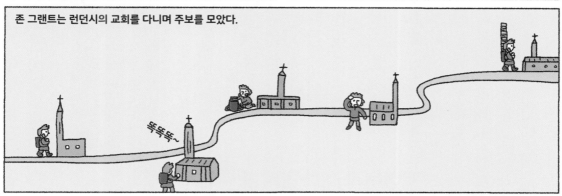
존 그랜트는 런던시의 교회를 다니며 주보를 모았다.

뚝뚝뚝~

주보에 세례자 명단도 나와 있으니 출생자 수도 알 수 있네.

OO 교회 주보
사망자
세례자

사망자가 이렇게나 많다니…

사망자와 출생자도 비교해 보고…

사망자론
출생자론

역시! 런던에 들어오는 선박 수와 전염병 사망자 수는 서로 연관이 있었어!

> 수학의 원동력은 논리적 추론이 아닌
> 상상력에 있다.
>
> 👤 오거스터스 드모르간, 19세기 영국의 수학자

전염병과 대화재에서 나온 통계학

17세기 영국은 광활한 식민지를 지배하며 대제국 건설을 추진했다. 그때 모든 식민지 물품은 영국을 통해서만 수출입을 하도록 하는 조례를 만들었는데 그러자 전 세계에서 선박과 물자, 사람이 런던으로 몰려들었다. 런던시는 인구 밀집이 극도로 심해졌고 전염병이 유행했다. 특히 1660년대에는 페스트가 크게 휩쓸어 한꺼번에 수만 명이 죽기도 했다.

당시 런던시에서는 사망자 수를 집계해 사망표를 발행했는데 이 표는 교회에서 매주 회보에 발표하는 자료를 토대로 했다. 모든 시민이 종교가 있던 시대여서 사람이 죽으면 교회에서 장례를 치르고 사망 기록을 남겼다. 또 새로 태어나 세례를 받은 사람도 기록했다. 그래서 교회 자료를 집계하면 사회 인구를 파악할 수 있었다.

런던의 잡화점 상인이던 존 그랜트는 그렇게 만들어지는 사망표를 유심히 관찰했다. 방대한 자료를 수집해 정리하고 통계표를 작성했다. 출생자 수와 사망자 수를 집계하고 남녀 비율을 계산해 보고는 출생하는 남녀의 비와 사망하는 남녀의 비가 거의 같음을 밝혀냈다.

그랜트는 또 사망 통계를 분석해 연도, 계절, 지역에 따른 실태를 파악했다. 그리고 선박 수에 따라 전염병 사망자 수가 얼마나 늘어나는지를 분석해 사망 원인과 전염병의 종류와 영향, 국내외 선박 수와 전염병 사이의 관계를 밝혔다. 이와 같이 두 변량(자료의 수량) 사이에 한쪽의 값이 커짐에 따라 다른 쪽의 값이 커지거나 작아지는 관계를 **상관관계**라 한다.

통계는 이렇게 수집한 자료를 체계적으로 정리해서 자료의 성질을 분석하는 것이다. 자료를 분류하여 표를 만들고 자료들 사이의 관계를 분석해 실태를 파악한다. 자료가 많은 경우에는 일정한 구간(계급)을 나누어 자료의 수(도수)를 나타낸 **도수분포표**를 만들어 평균을 구하면 편리하다. **평균**은 자료의 총합에서 자료의 개수를 나눈 것이다. 평균과의 차이를 계산하여 **편차**를 구한다.

자료를 집계하는 단순한 형태의 통계는 오래전부터 있었다. 하지만 그랜트는 자료를 집계하는 것에 그치지 않고 통계에서 규칙성을 발견하여 실태를 분석했으며 나타나는 현상의 원인과 영향을 연구했다. 그리고 이 연구를 바탕으로 1662년 『사망표에 관한 자연적, 정치적 관찰』을 펴냈다. 이 책이 통계학의 시초가 되었다.

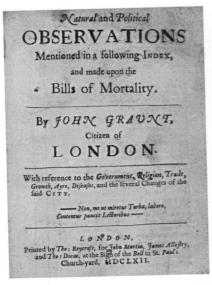

↑⋯ 존 그랜트가 쓴 『사망표에 관한 자연적, 정치적 관찰』. 최초의 통계학 책이다.

그런데 런던에서 페스트가 극심했을 때 또 다른 참사가 불어닥쳤다. 1666년 세계 역사상 가장 큰 화재로 기록되는 런던 대화재가 일어나 온 도시를 화염에 빠트렸다. 런던 시내 한 빵집에서 우연히 난 불이 바람에 거세지면서 화재가 나흘이나 이어졌는데, 결국 화약으로 남은 집들을 폭파해 없앤 뒤에야 진압될 수 있었다. 대화재로 런던시는 심각하게 파괴되어 거의 모든 공공건물이 불타고 가옥 수만 채가 사라졌다. 전염병에 화재까지 일어나니 수많은 시민이 목숨을 잃었다. 상점이나 사업체가 불타 버려 하루아침에 생계 수단을 잃어버린 사람도 많았다. 당시에는 보험이라는 것이 없어서 이를 보상받을 방법도 없었다.

대화재 이후 런던에는 많은 변화가 생겼다. 우선 세계 최초로 소방차와 소방 조직이 만들어졌다. 또 보험 제도가 생겨나기 시작했다. 대화재 이후 런던 상인들 사이에서 화재 보험이 먼저 만들어졌고 생명 보험과 해상 보험도 생겼다. 대화재가 일어났던 지역에 보험 회사들이 들어서고 그 주변으로 증권 회사와 은행이 자리하면서 런던에 세계 최초로 금융 지구가 형성되었다. 17세기 후반에는 대서양을 횡단하는 무역상들이 배를 타고 떠나기 전에 보험에 들 정도로 보험이 보편화되었다.

보험 제도가 발달하면서 보험료를 책정하는 문제가 연구되었다. 화재 보험의 경우, 보험료를 책정하려면 먼저 화재 가능성과 손실 정도를 예상해야 한다. 그러기 위해서는 매년 화재가 발생하는 횟수와 지역, 손실된 재산에 대한 객관적 자료와 조사가 필요하다. 또 사망 보험의 경우에는 지역별, 나이별, 성별로 사망자 수를 파악하고 사망 원인에 대한 통계 조사를 할 필요가 있다. 이처럼 보험 제도가 발달하면서 통계학이 더욱 발전할 수 있었다.

국가 정책에 쓰이는 통계

영국에서 그랜트에 의해 시작된 통계학은 페티에 의해 체계를 갖추었다. 17세기 영국의 경제학자이자 통계학자인 윌리엄 페티는 통계를 국가 정책에 이용하는 데 선구적 역할을 했다. 인구 통계를 구하고 국민소득을 계산했으며 이를 통해 세금, 화폐 정책과 고용 정책을 마련했다. 통계를 분석해 국가의 정치, 경제 정책을 수립한 것이다. 오늘날 국가들은 인구, 실업, 소득, 세금 등에 대한 통계 조사를 주기적으로 하는데 페티의 통계학이 바로 그 기초라고 할 수 있다. 페티는『화폐론』, 『조세공납론』을 써서 정치경제학의 발전에도 기여했다.

영국에서 통계학이 수립될 무렵 독일에서도 통계학이 발달했다. 독일에는 다른 배경이 있다. 17세기에 독일은 '30년 전쟁'(1618~48)으로 국토 대부분이 파괴되었다. 인구가 절반이나 감소했으며 재정은 파탄에 이르렀다. 국가를 재건하려면 정확한 피해 규모를 파악해야만 했다. 그리하여 전국적으로 인구와 토지, 국세 조사를 실시했다. 이를 바탕으로 국가 재정을 일으킬 중요한 정책을 수립할 수 있었다. 이것이 독일에서 통계학이 발전하는 계기가 되었다.

⁝ (왼쪽) 「러드게이트와 구세인트폴대성당이 있는, 런던 대화재」, 1670년경 작.
(오른쪽) 런던 대화재 기념비. 기념비 주변에 보험 회사를 비롯해 금융 지구가 형성되어 있다.

이렇게 통계학은 국가 정책에 필요한 수치 정보를 제공하는 데 쓰인다. 통계학을 뜻하는 영어 '스테티스틱스(statistics)'가 '나라'를 뜻하는 '스테이트(state)'에서 비롯되었으니 단어에서부터 통계학의 쓰임을 알 수 있다. 근대에 들어와 국가 관청이 출생, 사망, 혼인 등 개인의 기록을 담당하면서 인구 조사가 광범위하게 이루어졌고 통계학은 더욱 발전했다. 19세기부터는 기상, 재해 등 자연 현상과 사회 문제에까지 통계학이 활용되었다.

통계학은 확률론과 결합하면서 좀 더 체계적이고 과학적으로 발전했다. 19세기 벨기에 수학자 케틀레가 통계 분석에 확률을 적용했다. 라플라스에게 확률론을 배운 케틀레는 확률 분포 등 확률 계산으로 범죄와 사망, 각종 사고를 분석하고 사회 현상을 연구했다. 그의 연구는 정부가 사회 정책을 개선하고 사회적 행동 요인을 연구하는 데 기여했다. 국제 통계학회를 조직한 케틀레는 천문, 기상, 지질 현상을 유럽의 여러 관측소에서 동시에 관측해 통계를 구하는 방법을 개발하기도 했다.

나이팅게일의 통계 그래프

통계는 수집된 자료를 정리하여 규칙을 발견하고 자료의 특성을 분석하는 것이다. 통계 분석에는 도표와 그래프가 이용된다. 통계를 수치로 나열하기보다 도표와 그래프로 나타내면 자료의 분포를 한눈에 볼 수

도수분포다각형 ✎

도수를 선분으로 연결해 그린
다각형 모양의 그래프.

있다. 도수분포표를 막대그래프(히스토그램), **도수분포다각형** 등 그래프로 나타내면 자료의 특성을 이해하기 쉽다.

영국의 나이팅게일이 만든 도표가 오늘날의 통계 그래프에 영향을 주었다. 나이팅게일은 크림 전쟁(1853~56) 때의 사망자를 분석하여 원 모양의 그래프로 나타냈다. 19세기 최고의 통계 그래프로 꼽히는 이 도표는 오늘날 많이 사용하는 원그래프와 비슷하다.

나이팅게일은 원을 12등분하여 월별 사망자 수를 나타냈다. 그리고 각 칸의 색을 구분하여 부상, 질병, 전염 등 사망 원인을 표시해서 통계가 한눈에 들어오도록 했다. 가장 바깥쪽은 가장 많은 분포를 보여 주는데 병원에서 사망한 군인의 수를 나타낸다. 이 표를 보면 전투 중 입은 부상으로 숨진 군인보다, 치료를 받다가 감염과 전염병으로 숨진 군인이 더 많다.

나이팅게일은 크림 전쟁이 일어났을 때 간호사로 자원해 갔다가 그곳의 열악한 실태를 파악하게 되었다. 크림반도에서 벌어진 이 전쟁에서 25만 명의 병사가 죽고 수많은 부상자가 발생했다. 나이팅게일은 병원의 위생 문제가 사망자가 늘어나는 또다른 원인임을 깨닫고 가장 먼저 병실의 청결을 위해 노력했다. 솔을 들고 청소하고 환자의 침구와 옷을 세탁했다. 병실에 필요한 위생 물품을 직접 사들여 공급하기도 했다. 하지만 이런 헌신만으로는 열악한 상황을 극복하기가 어려웠고 외부 지원이 절실히 필요했다.

나이팅게일은 실태를 세밀하게 파악해서 외부에 알렸다. 병실의 청결 상태와 위생, 간호 기록을 꼼꼼히 정리하여 통계를 분석했다. 이것

⟵ 나이팅게일은 간호사이자 통계학자였다.

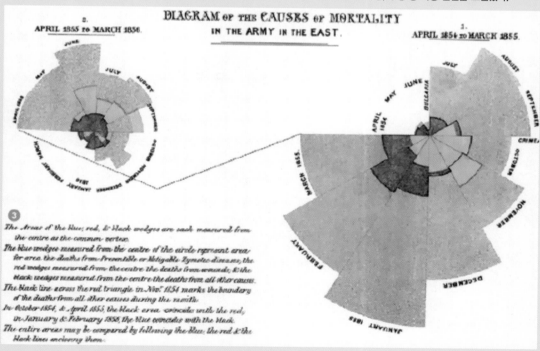

⋮ 나이팅게일의 통계 그래프는 장미 도표(Rose diagram)로 불린다. 장미꽃 모양으로 열두 달의 월별 분포를 나타낸 뒤 색을 구분해 질병, 부상 등 사망 원인을 표현했다.

을 도표로 만들어 나타냈는데 이를 통해 사망 원인과 병원의 치료 환경이 상관관계가 있음을 보여 줄 수 있었다. 병원의 치료 환경이 나쁜 탓에 사망자가 더욱 늘어난다는 것을 통계로 밝힌 것이다. 나이팅게일의 통계와 도표를 통해 병원 시설과 치료 환경이 얼마나 열악한지 알려졌고 정부의 지원으로 개선될 수 있었다. 그 덕분에 50%가 넘었던 병원에서의 군인 사망률이 2%로 크게 떨어졌다.

전쟁이 끝나고 영국으로 돌아온 나이팅게일은 1858년 방대한 통계 자료를 모아 『영국군의 보건과 병원 관리에 관한 보고서』를 출판했다. 이것이 통계학의 발전에 기여했다. 또 나이팅게일의 영향으로 군대 보건을 위한 왕립 위원회가 결성되었고 나아가 영국의 보건 정책과 간호 체계가 확립될 수 있었다. 나이팅게일은 런던에 세계 최초의 간호 학교도 세웠다.

표본조사로 전체를 추측하다

20세기에 들어와서는 영국 수학자 피어슨이 통계학을 발전시켰다. 피어슨은 유전과 진화 같은 생물학 연구에 통계를 적용하면서 현대 통계학을 수립하는 데 기여했다. 피어슨의 통계 이론과 방법은 모든 통계학에 필수적으로 응용되고 있다. 특히 피어슨 분포로 불리는 확률 분포와 '카이 제곱법'이라는 통계 검증 방법이 중요하게 쓰인다.

현대에 와서 통계학은 모든 과학 연구는 물론 산업 공학에 활용되고 고대에도 세금을 정하거나 병사를 모으기 위해 인구 조사를 했다는 기록이 있다. 우리나라에서 실시한 최초의 인구 조사 기록은 통일 신라 시대의 지방 민정 문서에 남아 있다. '신라장적'으로 불리는 이 문서에는 서원경(지금의 청주) 네 마을의 정보가 기록되어 있다. 마을의 둘레와 호수의 넓이, 인구수, 가축과 나무의 수까지 매우 자세하다. 기록에 따르면 남녀별, 나이별 정확한 인구와 소, 말, 뽕나무, 잣나무 등의 수를 3년마다 한 번씩 조사하여 통계를 내고 있었다.

아래 표는 그중 한 마을의 인구 통계이다. 총인구는 147명으로, 나이별로 6개 분포를 만들었다. 16~57세를 정남, 정녀라 했는데 이를 통해 경제 활동 인구를 구분했다는 것을 알 수 있다.

나이	남	여
(1~9세)	16	16
(10~12세)	13	11
(13~15세)	7	9
(16~57세)	29	42
(58~60세)	1	2
(61세 이상)		1

이와 같은 인구 조사는 조선 시대에 이르러 전국적으로 이루어졌다. 3년마다 각 도의 군현별로 호구 조사를 했는데, 가구 수와 그 식구를 기록하여 호적 대장이라는 장부로 작성했다. 이를 토대로 조세와 군역을 부과했다. 호구 조사를 통해 당시 인구 규모와 추이, 사회 경제적 상황을 알 수 있다.

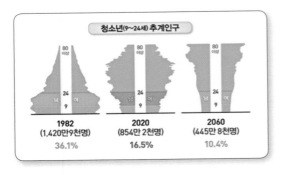

청소년(9~24세) 추계인구

| 1982 (1,420만9천명) 36.1% | 2020 (854만 2천명) 16.5% | 2060 (445만 8천명) 10.4% |

↕ 우리나라는 9~24세 청소년 인구가 2020년에 약 854만 명으로 전체 인구의 16.5%였다. 인구의 36.1%를 구성했던 1982년에 비해 절반 이하로 비중이 작아졌으며 2060년에는 10%대로 더욱 작아질 전망이다.(2020년 통계청 자료)

있다. 의학 연구와 제약 산업에 통계가 이용되며 농업 분야에서는 통계를 활용해 품종을 개발하고 생산성을 높인다. 지진, 태풍 등 자연재해와 기상 이변 실태도 통계로 파악한다. 선거와 여론 조사, 언론, 광고, 스포츠에 이르기까지 많은 영역에서 통계가 활용된다.

그런데 통계 조사를 할 때 모든 집단이나 구성원에게 정보를 얻는 것이 불가능하고 비효율적일 수 있다. 인구 조사나 여론 조사를 할 때 국민 전체를 대상으로 하는 것은 매우 힘들고 시일도 오래 걸린다. 품질 조사를 위해 제품 전체를 모두 조사(전수 조사)하는 것도 효율적이지 않다. 이런 경우에는 일부분만 뽑아서 조사하면 편리하다. 예를 들어 통조림 공장에서 제품의 무게가 정확한지 알아보기 위해 통조림 100개를 임의로 뽑아서 무게를 재 보는 것이다.

이와 같이 자료 전체가 아닌 그 일부분만 뽑아서 조사하는 방법을 **표본조사**라고 한다. 대상이 되는 자료 전체를 **모집단**이라 하고, 조사하기 위하여 모집단에서 임의로 뽑은 일부를 **표본**이라고 한다. 그리고 표본을 뽑는 것을 **추출**이라고 한다.

표본조사는 인구 통계에 특히 적극적으로 이용되고 있다. 우리나라에서는 5년마다 인구 조사를 하고 있다. 2015년 인구 조사에서는 인터넷 조사를 한 덕분에 전체 가구의 20%까지 표본을 추출했다. 이 표본조사로 전체 인구와 나이별, 성별, 지역별 인구와 직업, 소득, 교육 등자세한 실태를 파악한다. 이를 통해 인구의 증감 추세나 실업 상황 등 우리 사회의 특성을 알아볼 수 있다.

표본에서 얻은 결과를 이용하여 모집단의 성질을 예상하는 것을 '추정'이라 한다. 완전한 모집단을 조사하는 것이 아니므로 오차가 생길 수 있는데, 확률 계산으로 신뢰도를 구해 조사가 얼마나 정확한지 판정한다.

오늘날 대부분 통계는 표본조사를 하여 전체를 추측한다. 그래서 현대의 통계학을 추측 통계학이라 일컫는다. 예를 들어 공장에서 옷을 만들 때 모든 사람의 신체 치수를 재지 않고 일정한 인원수만 조사해서 전체 사람들의 신체를 추측한 뒤 옷의 사이즈를 정하는 것이다. 이런 조사 방법으로 사람의 평균 키와 몸무게 등 신체 특성을 알 수 있다. 통계는 우리가 사는 세상을 이해하는 중요한 도구이다.

바닷속 고래의 수를 어떻게 알까?

전 세계 바다에는 현재 80여 종류의 고래 130만 마리가 살고 있다고 한다. 국립수산과학원 고래연구소가 조사한 통계에 의하면, 우리 바다에는 그중 대형 고래 9종류를 포함해 35종류의 고래 69714마리가 살고 있다. 또 그중 10종류는 우리 연안을 주 서식지로 한다. 개체 수로는 돌고래가 98%로 가장 많은데 동해에 참돌고래 35000마리, 낫돌고래 3000마리가 살고 서해와 남해에 토종 돌고래 상괭이 30000마리가 산다. 그 외에 밍크고래 1600마리, 남방큰돌고래 114마리가 있다.

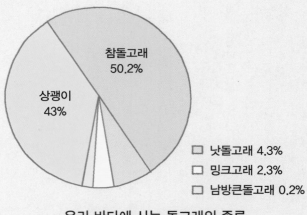

우리 바다에 사는 돌고래의 종류

그런데 넓은 바다에 사는 고래의 수를 어떻게 알 수 있을까? 고래연구소가 발표한 개체 수는 2000년부터 12년 동안 실시한 통계 조사를 통해 얻은 추정 수치이다. 고래연구소는 고래의 개체 수를 조사할 때 표본조사 방법을 이용했다. 즉 모든 바다에 사는 모든 고래가 아니라 구간별로 표본을 뽑아 조사했다. 일정 구간에서 발견되는 고래 개체 수와 거리, 각도 등을 조사한 뒤 전체 바다에 몇 마리가 서식하는지를 추정한 것이다.

또한 태평양 인근에 서식하며 우리 바다에 이따금 나타나는 남방큰돌고래의 경우에 표식법을 이용했다. 일부 고래를 잡아 표시한 후 놓아주었다가, 그다음 다시 잡았을 때 잡힌 고래 중에서 표시해 놓았던 고래가 몇 마리인지 그 비율을 계산한다. 이를 통해 전체 고래의 수를 추측해 낸다. 표지표 대신 등지느러미 상처 같은 특징으로 개체를 식별하기도 하는데 반복해서 나타나는 개체의 비율을 계산해 전체 수를 추정할 수 있다.

이와 같은 통계 방법으로 고래 수가 급속히 감소하고 있다는 사실도 파악되었다. 통계에 의하면 2011년부터 2016년까지 우리 연안에서 고래 10337마리가 죽었다. 한 해 평균 2000마리가 넘는다. 상괭이가 5818마리, 참돌고래가 1914마리 죽었고 밍크고래도 382마리나 죽었다. 현재 우리 연안에 사는 상괭이의 수는 약 14000마리로 과거보다 절반 이상 줄어들었다고 한다. 그물에 걸려 죽는 경우가 가장 많고 플라스틱 때문에 죽는 경우도 많다. 이런 통계 자료들은 고래가 멸종하지 않도록 구체적인 대책을 세우는 데에도 활용된다.

10

미적분

움직이는 것을 계산하다

🔟 행성의 궤도 구하기

1684년, 영국의 케임브리지.
천문학자 에드먼드 핼리가 뉴턴을 찾아왔다.

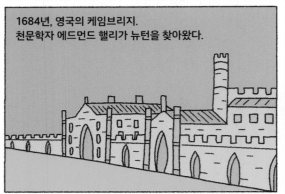

뉴턴 교수님, 연구하다 막히는 부분이 있어 찾아왔습니다.

어서 오게나.

행성은 원이 아닌 타원을 그리며 움직이기 때문에 궤도 계산이 너무 어렵습니다.

변화량으로 계산해야 해요.

시간과 거리의 변화량을 계산하면 운동 변화를 알 수 있고 움직인 궤도를 정확히 계산할 수 있습니다.

이 행성의 궤도는…

시간을 x, 거리를 y로 하여 나타내면
평균 변화율은 $\dfrac{y의 \ 변화량}{x의 \ 변화량}$

뉴턴의 미적분 발견

근대 과학 혁명을 이끈 뉴턴은 인류 역사상 가장 뛰어난 수학자로도 꼽힌다. 그는 "자연은 일정한 법칙에 따라 운동한다."라고 말하며 자연 세계의 운동 법칙을 찾는 데 일생을 바쳤다. 그런 연구를 통해 과학 분야에서는 만유인력 법칙, 뉴턴의 운동 법칙, 광학 이론 등 위대한 업적을 남겼고 수학 분야에서는 17세기 수학의 가장 큰 업적인 미적분학을 발견했다.

뉴턴이 살았던 17세기는 과학과 수학 모두에 놀라운 성과가 많았던 시기이다. 우선 과학 분야에서는 이른바 과학 혁명이 일어났다. 망원경이 발명되어 천체 관측이 활발했으며 지구가 자전하고 행성들이 태양

주위를 돌고 있다는 코페르니쿠스 체계가 수학적으로 증명되었다. 중력과 행성 운동의 법칙 등 자연 체계를 설명하는 새로운 과학이 나왔으며 빛을 탐구하는 광학, 물체의 운동에 관한 역학 분야에서 새 이론들이 나왔다.

수학에서도 가장 빛나는 시기가 왔다. 새로운 이론들이 쏟아져 나오며 수학의 황금시대를 열었다. 네이피어의 로그와 데카르트의 좌표가 발명되었고 해석기하학, 정수론, 함수, 확률과 통계 등 수학의 새로운 분야들이 탄생했다.

↑ 「아이작 뉴턴 경의 초상」,
1720년경 작.

이 시기에 수학자들은 과학과 발맞추어 운동과 변화를 연구의 중심 주제로 삼았다. 물체의 운동과 방향, 속도, 거리와 시간에 관계된 수학 문제들이 제기되었다. 변량을 다루는 함수, 곡선의 방정식, 극한값을 구하는 문제가 연구되어 미적분학의 토대가 마련되었다. 그리고 마침내 뉴턴과 라이프니츠에 의해 미적분학이 탄생했다.

뉴턴은 1643년 영국 링컨셔의 작은 마을에서 태어났다. 어릴 때부터 과학에 뛰어난 재능을 발휘해 기발한 장난감이나 물시계 같은 기계 모형을 즐겨 만들었으며 실명의 위험을 무릅쓰고 빛이 어떻게 눈으로 들어오는지도 관찰했다.

열여덟 살에 케임브리지대학에 입학해서는 유클리드의 『원론』을 비롯해 데카르트, 오트레드, 월리스 등 당시 가장 영향력 있는 수학자들이 쓴 책을 읽고 수학에 관심을 가졌다. 이때부터 연구 노트를 쓰며 자신의 학문적 세계관을 펼쳐 나갔다. 노트에 "나의 가장 친한 친구는 진리다."라는 말을 적어 놓기도 했다. 뉴턴은 대학생 때 '이항정리'를 발견했는데 이는 뛰어난 수학 업적으로 손꼽힌다.

1665년 런던에 페스트가 돌아 대학이 휴교하자 뉴턴은 고향으로 돌아가서 이듬해까지 지내며 연구에 전념했다. 이 시기에 뉴턴이 이룬 업적의 중요한 부분들이 싹텄다. 미적분학을 발견한 것도 이때이다.

움직이는 순간 속도와 변화율

뉴턴은 움직이는 물체의 순간 속도와 변화율을 구하는 것에서 미분법을 발견했다. 사과나무에서 떨어지는 사과는 중력 가속도에 의해 점점 더 빨리 움직인다. 사과가 떨어질 때 어느 한순간의 정확한 속도를 구할 수 있을까? 떨어지는 사과의 순간 속도를 구한다면 움직이는 물체의 순간 속도를 계산할 수 있다.

이 문제는 운동하는 물체와 행성의 법칙을 다룬다. 이 문제를 풀면 당시 많은 과학자가 연구하던 행성의 운동 법칙을 풀 수 있게 된다. 행성은 원이 아닌 타원 궤도를 그리는 운동을 한다. 타원은 중심이 두 초점인 도형으로, 초점에서 떨어진 거리가 원처럼 똑같지 않고 크거나 작다. 그래서 행성은 움직인 거리가 항상 같지 않고 똑같은 속도로 움

타원 🖊
평면 위의 두 점에서 떨어진 거리의 합이 일정한 점들로 이루어진 도형.

직이지도 않는다. 행성의 속도가 빨라지거나 느려지는 것이다. 어느 순간에는 빠르게 움직이고 어느 순간에는 느리게 움직인다. 행성의 순간 속도를 구한다면 그 순간의 거리를 계산하고 궤도를 정확히 알 수 있다.

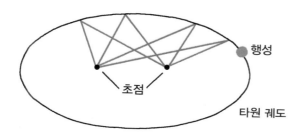

그런데 움직이는 물체의 순간 속도는 정확히 알 수가 없다. 순간 속도는 평균 속도와의 차이를 나타내는 변화율로 구한다. 속도는 시간에 대한 거리를 나타내므로 $\dfrac{거리의\ 변화량}{시간의\ 변화량}$이 된다.

시간을 x, 거리를 y로 하여 나타내면 평균 변화율은 $\dfrac{y의\ 변화량}{x의\ 변화량}$이다.

이때 x의 변화량을 Δx, y의 변화량을 Δy라 하면 변화율은 $\dfrac{\Delta y}{\Delta x}$로 나타낸다.

$$평균\ 변화율 = \frac{y의\ 변화량}{x의\ 변화량} = \frac{\Delta y}{\Delta x}$$

(Δ는 d에 해당하는 그리스 문자로 '델타'라고 읽는다.)

순간 속도는 시간의 변화량이 적을수록, 즉 Δx가 0에 가까울수록 정확한 값을 얻는다. 함수에서 Δx가 0에 수렴할 때의 극한값이 된다. 이를 **도함수**라고 하며 기호로는 $f'(x)$로 나타낸다. 함수 $y=f(x)$에서 도함수는 다음과 같다. Δx가 0에 가까워질 때의 극한값을 기호 $\lim\limits_{\Delta x \to 0}$를 써서 나타낸다.

$$f'(x) = \lim_{\Delta x \to 0} \frac{\Delta y}{\Delta x} = \lim_{\Delta x \to 0} \frac{f(x+\Delta x) - f(x)}{\Delta x}$$

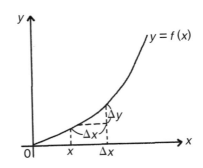

이렇게 도함수를 구하는 것이 **미분**이다. 즉 미분은 움직이는 양에 대한 순간 변화율을 구하는 것이다.

예를 들어 300km의 고속 도로 구간을 3시간 동안 달렸다면 평균 시속 100km의 속도로 주행한 것임을 알 수 있다. 그런데 이것은 1시간에 해당하는 평균 속도를 구한 것으로, 어느 지점에서의 순간 속도는 정확히 알 수 없다. 자동차가 달리는 동안 계기판의 속도는 끊임없이 변한다. 처음에는 속도가 느렸다가 점점 빨라지며 중간에는 시속 100km 이상 되기도 한다. 만약 시간 간격을 작게 하여 10분마다 속도를 구한다면 속도의 변화량을 더 자세히 알 수 있다. 시간 간격을 1분, 1초, 0.1초로 더 작게 나누어 시간의 변화량을 적게 할수록 순간 속도에 더 가까운 값을 얻는다. 시간의 변화량이 0에 가까울수록 순간 속도는 정확한 값이 되는 것이다.

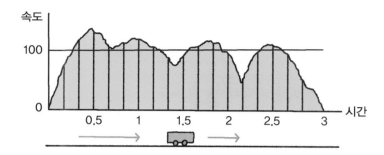

뉴턴은 이와 같은 순간 변화율을 '유율'(fluxion)이라고 했다. 시간의 흐름에 따라 변하는 양을 다룬다는 뜻이다. 뉴턴은 움직이는 물체의 순간 속도와 변화율을 연구하여 미분법을 발견했다.

뉴턴의 미분법은 행성의 운동 법칙을 다룰 때 중요하게 쓰였다. 순간마다 달라지는 행성의 움직임을 계산해서 궤도와 운동 법칙을 밝히는 데 뉴턴의 미분법이 적용되었다.

미분의 역은 **적분**이다. 적분은 미분의 역을 구하는 것이다. 미분과 적분은 서로 반대되는 개념으로 동전의 양면같이 한 분야가 되어 **미적분**이 탄생했다. 적분은 영역의 면적을 측정하는 것과 관련이 있다. 적분 개념은 일찍이 고대 그리스의 기하학에서 면적을 구하면서 다루어졌으나 미분법은 그로부터 2000년이 지나 17세기에야 나온 것이다.

미적분학의 발견으로 수학은 움직이는 것을 계산할 수 있게 되었다. 궤도를 도는 행성을 비롯해 움직이는 물체의 운동을 다루고 시간, 거리, 속도 등 변화량을 계산한다. 미적분은 영어로 캘컬러스(Calculus)인데 '계산하다'라는 뜻의 단어 캘큘레이트(calculate)가 어원이다.

이름에서 보듯 운동의 변화를 다루는 수학에서 미적분은 기본 계산법이 되었다.

수학으로 우주의 원리를 풀다

뉴턴은 1665년 미적분을 발견하던 시기에 중력에 관해서도 연구했다. 사과가 땅에 떨어지는 것은 어떤 힘이 끌어당기기 때문이라고 생각했고, 그 힘을 지구의 인력이라고 했다. 지구가 자전할 때 표면에서 바닷물이 떨어지지 않는 것도, 공전할 때 태양과 일정한 거리를 유지하는 것도 인력이 존재하기 때문이라고 생각했다. 달이 지구의 둘레를 공전하는 것도 마찬가지다. 뉴턴은 태양과 지구를 포함해 우주의 모든 별에 인력이 있다는 결론을 내렸다. (그런데 뉴턴이 사과나무에서 떨어지는 사과를 보고 영감이 떠올라 만유인력과 미적분학을 발견했다고 전해지지만 이는 정확한 사실로 확인되지는 않았다.)

　뉴턴은 1679년 "우주에 있는 임의의 두 물체는 그 질량의 곱에 비례하고 그들 사이 거리의 제곱에 반비례하는 힘으로 서로 끌어당긴다."라는 만유인력의 법칙을 증명했다. 뉴턴은 이 힘을 라틴어로 '무거움'을 뜻하는 '그라비타스(gravitas)'라고 불렀다. 우리말로는 중력이다.

$$F = G\frac{m_1 m_2}{r^2} \quad (F \text{는 인력}, G \text{는 중력 상수, 질량 } m_1, m_2, \text{거리 } r)$$

뉴턴의 중력 법칙은 태양계의 모든 천체 운동과 우주의 모든 물질 입자 사이에 보편적으로 존재하는 것으로 증명되었다. 이 법칙은 '케플러의 행성 운동 법칙'을 확증하는 것이었다. 케플러는 지구 및 행성들이 태양을 중심으로 타원 궤도를 그리며 공전한다는 것을 포함해 행성과 태양 사이의 평균 거리와 시간 사이의 관계를 나타낸 3가지 행성 운동 법칙을 발표했는데, 이를 수학적으로 증명하게 된 것이다. 그리고 태양 주위를 도는 행성의 운동뿐 아니라 지구나 행성 주위를 도는 위성, 혜성의 운동도 설명할 수 있었다.

그러나 뉴턴은 미적분학과 만유인력 법칙을 발견하자마자 곧바로 세상에 발표하지 않았다. 당시는 급격한 사회 변화와 종교 문제를 겪던 시기로, 새로운 이론이 나올 때마다 격렬한 논쟁이 일었다. 특히 과학적 발견에 대해서는 종교적 논란과 비판이 심했다. 그래서 뉴턴은 자신이 발견한 것을 한동안 학계에 알리지 않았다. 미적분을 발견했을 때도 원고만 써 놓고 발표하지 않았고 만유인력의 법칙도 마찬가지였다.

그런데 1684년 천문학자 핼리가 행성의 궤도 문제를 푸는 데 어려움을 겪고는 뉴턴을 찾아왔다. 뉴턴은 자신이 발견한 운동 법칙과 미적분을 적용해 행성의 궤도를 정확히 계산해 주었다. 그 덕분에 핼리는 당시 관측된 혜성의 주기를 밝혀낼 수 있었고 혜성이 76년 뒤 다시 돌아올 것을 예측해 냈다. 그 혜성은 궤도 주기가 밝혀진 첫 번째 혜성으로 핼리의 이름을 따서 '핼리 혜성'이라 불린다. 그 주기에 따르면 핼리 혜성은 2064년에 또 나타날 예정이다.

뉴턴은 핼리의 설득과 도움으로 그간의 연구를 정리해 책으로 냈다.

『자연 철학의 수학적 원리』는 미분법을 발견한 지 20년이 되는 해인 1685년 첫 권이 발행되어 1687년에 완성되었다. '원리'라는 뜻의 '프린키피아'로 간단히 불리는 이 책은 근대 과학의 가장 중요한 책으로 꼽힌다. 뉴턴은 이 책의 초판에 이렇게 썼다.

"나는 수학을 이용해 우주의 원리를 풀고자 했다."

이 책을 통해 뉴턴의 만유인력과 미적분학이 처음 세상에 나왔다. 행성의 운동 법칙과 역학의 체계를 확립한 뉴턴의 3가지 운동 법칙도 나왔다.

뉴턴의 운동 법칙 중 제1 법칙은 '관성의 법칙'으로 "물체는 외부에서 힘이 작용하지 않는 한 현 상태를 유지하려고 한다."라는 이론이다. 제2 법칙은 $F=ma$로 알려진 '가속도의 법칙'으로 "운동량은 힘에 비례하며 가속도(a)는 힘(F)에 비례하고 물체의 질량(m)에 반비례한다."라는 것이다. 제3 법칙은 '작용 반작용의 법칙'으로 "모든 작용에 크기가 같고 방향이 반대인 반작용이 있다."라는 것이다. 뉴턴은 수학적 원리를 이용해서 이와 같은 법칙을 밝힐 수 있었다.

세 권으로 된 『프린키피아』에서는 자연 과학의 원리를 정의, 공리, 법칙, 정리, 보조 정리, 명제 등으로 분류해 체계적으로 서술하고 있다. 뉴턴은 수많은 현상 속에서 가설을 설정한 뒤 수학적인 방법으로 증명해서 그 가설이 성립함을 보였다. 뉴턴이 자연 과학 이론을 다루는 이러한 방법은 이후 모든 과학자와 수학자에게 영향을 주었다. 그래서 지금까지 수학에서는 이론을 정의, 공리, 정리, 보조 정리 등으로 분류하여 다루고 있다.

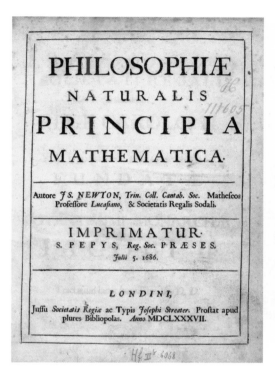

뉴턴은 1727년 세상을 떠날 때까지 오랫동안 영국의 대표적인 자연 과학 학회인 영국 왕립학회 회장으로 있으면서 최고의 학자로 인정받았다. 뉴턴은 아르키메데스, 가우스와 함께 인류 역사상 가장 위대한 수학자로 일컬어진다. 수학사가 뉴턴을 기준으로 전후로 나뉠 정도로 뉴턴이 이룩한 업적은 크다. 라이프니츠는 "태초부터 수학에서 뉴턴이 이룩한 업적이 반 이상이다."라고 말했다. 뉴턴에 의해 수학을 다루는 방법과 체계가 정리되었으며 수학에서 다루는 주제도 획기적으로 전환되었다. 그전의 수학은 고정된 물체를 대상으로 했으나, 뉴턴의 미적분학 발견으로 수학은 움직이는 것을 다루게 되었다. 우주 공간에서 일어나는 천체 운동부터 모든 물체의 운동을 계산할 수 있게 된 것이다.

뉴턴의 묘비에는 그를 찬양한 영국 시인 포프의 시가 새겨져 있다.

"모든 자연의 법칙은 어둠에 묻혀 숨겨져 있었고, 뉴턴이 있어 모든 것이 빛이 되었다."

뉴턴은 생전에 이런 말을 했다.

"나는 바닷가에서 노는 소년이다. 진리의 거대한 바다가 아무것도 발견되지 않은 채 내 앞에 펼쳐져 있고, 나는 가끔씩 보통 것보다 더 매끈한 조약돌이나 예쁜 조개를 찾고 즐거워하는 어린아이에 지나지 않았다. 내가 다른 사람들보다 더 멀리 보았다면 그것은 단지 거인들의 어깨 위에 서 있었기 때문이다."

라이프니츠의 미적분, 세기의 논쟁

그런데 독일의 철학자이자 수학자 라이프니츠도 뉴턴과 비슷한 시기에 미적분학을 발견했다. 다른 장소에서 동시에 위대한 발견이 이루어진 것이다. 라이프니츠는 1675년경부터 미분과 적분의 기초를 세웠으며 1684년에 미적분 논문을 발표했다. 「극대, 극소와 접선에 관한 새로운 방법과 놀라운 계산법」이라는 제목으로, 미적분학에서는 최초로 나온 논문이었다.

라이프니츠는 1646년 독일 라이프치히에서 태어났는데 어릴 때부터 신동이라는 말을 들었다. 열다섯 살에 라이프치히대학에 들어가 법학을 전공했다. 나이가 어리다는 이유로 박사 학위를 주지 않자 1666년 고향을 떠나 뉘른베르크에서 학위를 받았다. 이후 철학과 수학, 과학을 비롯해 법학, 역사, 언어학, 지질학, 기술 공학 등 다방면에 뛰어난 업적을 남겼다.

라이프니츠는 수학에서도 뛰어난 능력을 발휘하여 '보편적 기호법'을 창안하고 논문을 발표했다. 수학만이 아니라 모든 부문에 쓰이는 논리적 기호를 제시한 것이다. 10대에 발표한 이 이론은 19세기 영국의 수학자 불이 기호 논리학을 탄생시키는 데 영향을 주었다. 또한 라이프니츠는 컴퓨터 이론의 원형이 된 이진법 체계를 만들었으며 사칙연산과 거듭제곱근을 계산하는 기계도 만들었다. 이것은 파스칼의 계산기보다 개선된 것이었다.

⋮ 라이프니츠의 초상과, 1703년 출판된 라이프니츠의 『이진법』.

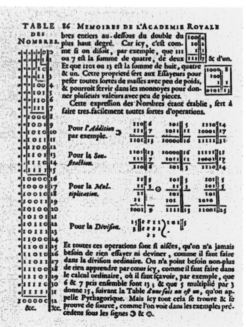

라이프니츠는 미적분학의 기본 정리를 만들고 오늘날 사용하는 미적분학의 기호를 만들었다. 지금의 미분 기호인 $\frac{dx}{dt}$ 와 적분 기호인 인테그럴 $\int$ 은 라이프니츠가 처음 사용한 것이다. 적분 기호는 면적의 합을 의미하는 단어 섬(sum)에서 S를 길게 늘인 형태다. 미적분학의 기본 정리를 만든 것은 라이프니츠의 여러 업적 중에서도 가장 위대한 것으로 손꼽힌다.

$$\frac{dF}{dx} = f(x)\text{일 때 면적 } S = \int_a^b f(x)dx = F(b) - F(a)$$

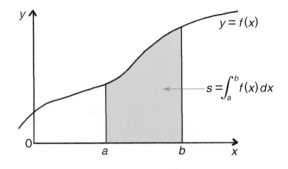

미분과 적분이라는 말도 라이프니츠가 처음 썼다. 미적분은 분해한다는 뜻의 미분과, 통합한다는 뜻의 적분이 합쳐진 것이다. 미분은 주어진 영역을 쪼개고 분해하여 변화량을 측정하고, 적분은 영역을 합한 면적을 계산한다. 서로 반대되는 개념이 완벽하게 한 분야가 된 것이다.

그런데 뉴턴과 라이프니츠가 거의 동시에 이론을 발표했기 때문에 누가 처음 미적분을 발견했는가를 두고 큰 논쟁이 일어났다. 뉴턴은 1665년에 미적분을 발견했으나 20년이 지난 1685년에 『프린키피아』

를 출간하면서 세상에 알렸다. 라이프니츠 또한 비슷한 시기에 미적분을 연구하여 1684년 논문을 발표했다. 뉴턴과 라이프니츠는 각자 독자적인 방법으로 미적분학을 발견했다. 뉴턴은 '극한'의 개념에서, 라이프니츠는 '곡선의 기울기'에서 미적분을 창안했다.

유럽의 수학자들은 뉴턴 편과 라이프니츠 편으로 나뉘어 미적분 최초 발견자를 두고 수십 년간 논쟁을 벌였다. 영국 왕립학회에서는 '뉴턴이 먼저 발견했고, 논문 발표는 라이프니츠가 최초로 했다'는 것으로 결론을 내렸다. 미적분 발견자가 뉴턴으로 된 것이다. 오랜 논쟁에 시달리다 패배한 라이프니츠는 독일 하노버에서 우울한 말년을 보내다 1716년 세상을 떠났다.

왕립학회의 발표 이후에도, 심지어 당사자들이 숨진 뒤에도 이에 대한 논쟁은 계속되었다. '세기의 논쟁'이라 불릴 정도였다. 오늘날에는 라이프니츠와 뉴턴이 동시에 미적분을 발견한 것으로 한다. 그리고 현대의 미적분은 라이프니츠의 방법을 기초로 한다. 라이프니츠의 미적분 기호들이 뉴턴의 것보다 더 친절하게 정리되어 있어서 더 편리하고 쉽게 적용할 수 있기 때문이다. 지금 우리가 배우는 미적분 법칙과 계산법은 라이프니츠가 만든 것이다.

움직이는 세계를 계산하다

미적분학은 움직이는 세계를 다룬다. 중력과 행성의 움직임, 물체의 운동을 다룬다. 액체와 기체의 흐름, 대기압과 구름, 바람의 이동까지 미적분으로 알 수 있다. 미세한 원자의 움직임과 전기의 흐름, 소리와 열의 전달, 방사성 원소의 붕괴, 바이러스의 증식 등 우리가 사는 세계에서 일어나는 많은 현상을 미적분으로 측정하고 계산한다. 운동과 변화에 관련된 모든 것에 미적분 계산이 필요하다.

미적분은 전자기학, 유체 역학, 양자 역학, 항공 우주 등 대부분의 자연 과학과 공학에 쓰인다. 인공위성과 우주 탐사선을 쏘아 올리는 것에도 미적분이 쓰인다. 로켓과 우주선이 지구를 벗어나 우주 궤도에 진입할 수 있도록 미적분으로 속도와 거리를 계산한다. 또 비행기가 많이 오가는 항로를 결정하고 항공기가 착륙하는 제동 거리를 구하는 데에도 미적분이 필요하다. 항공기의 속도, 무게, 각도, 활주로의 마찰 계수, 풍향 등 수많은 변량에 따른 미분 방정식을 만들고 계산한다.

오늘날 미적분학은 경제학, 통계학, 기상학, 음향학 등 많은 분야에 활용되고 있다. 물가와 금리, 주식, 환율 등 금융 시장의 변동을 분석하는 데도 미적분 계산이 이용된다. 온도, 기압, 풍속의 움직임을 파악할 때, 교통의 흐름이나 소음, 대기 오염을 측정할 때, 특히 최근에는 방사능 오염과 미세 먼지 농도를 계산할 때 많이 쓰인다. 변화가 많은 현대 사회에서 다양한 함수와 변화량을 계산하는 미적분학이 더욱 중요해지고 있다.

우리 주변에서도 미적분이 활용된 예를 찾을 수 있다. 야구 투수가 던진 공의 최고 속도를 측정하거나 축구 선수가 공을 차는 순간의 동작을 잡을 때, 리모컨 작동을 할 때도 순간의 변화를 미적분으로 포착

한다. 과속 단속 카메라는 자동차가 지나가는 순간 속도를 측정해 사진을 찍는다. 병원에서 컴퓨터 단층 촬영(CT)을 할 때도 인체의 X선 흡수량을 미적분으로 계산해서 단층으로 쌓아 가며 영상을 만든다.

애니메이션이나 영상 작업에도 미적분이 광범위하게 활용된다. 캐릭터의 움직임과 변화량을 미적분 방정식으로 변환해 다양한 장면을 만든다. 파도치는 해안이나 폭풍우, 달리는 동물 등 움직임을 다루는 장면을 실감 나게 만들려면 미적분이 필수이다. 3차원 입체 영상의 바탕에 바로 미적분이 있다.

미적분 원리로 만드는 3D 프린터

미분과 적분은 서로 역의 관계에 있는데, 이러한 관계를 원의 둘레와
넓이의 관계로 알 수 있다. 원의 반지름을 r이라 할 때 원의 둘레는 $2\pi r$,
원의 넓이는 πr^2이다. 원의 둘레를 r에 대해 적분하면 원의 넓이가 되
고, 반대로 원의 넓이를 r에 대해 미분하면 원의 둘레가 된다. 그림과
같이 원주를 모아서 계속 쌓아 가면 원의 넓이가 만들어진다.

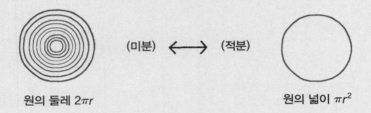

원의 둘레 $2\pi r$ (미분) ⟵ ⟶ (적분)   원의 넓이 πr^2

이와 마찬가지로, 구의 겉넓이와 부피에도 미분과 적분 관계가 성립
한다. 구의 겉넓이를 r에 대해 적분하면 구의 부피가 되고, 구의 부피
를 미분하면 구의 겉넓이가 된다. 잘게 쪼갠 구의 겉면을 계속 쌓아 가
면 구의 부피가 만들어지는 것이다.

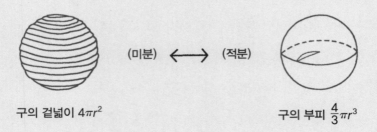

구의 겉넓이 $4\pi r^2$ (미분) ⟵ ⟶ (적분)   구의 부피 $\dfrac{4}{3}\pi r^3$

이처럼 미적분의 원리는 무한히 많은 선이 모여 넓이를 가진 면을 이루고, 무한히 많은 면이 모여 부피를 가진 입체를 이루는 것에 있다.

이와 같은 원리가 3D 프린터에 적용된다. 3D 프린터는 컴퓨터 프로그램을 이용하여 3차원 입체 형태의 물건을 인쇄하는 기계이다. 3D 프린터는 설계나 디자인을 한 것을 잘게 쪼개 얇은 단층으로 분해한 다음, 재료를 차곡차곡 쌓아 가며 입체 형태를 만든다. 2차원 평면인 종이에 인쇄하던 것에서 기술 혁신을 이루어 냈다. 자동차, 기계 등 생산 부품부터 가구, 장난감 등 각종 제품을 만드는 데 3D 프린터가 사용되고 있다.

3D 프린터는 특히 의료 분야에 가장 활발히 도입되어 인공 뼈와 관절, 혈관까지 만들고 있다. 이제 개인에게 맞춘 의족이나 인공 치아를 만들 수 있게 되었다. 앞으로는 개인용 3D 프린터로 필요한 물건을 직접 만드는 시대가 올 것이다. 옷과 신발을 자신의 취향대로 디자인해 뚝딱 만들어 내는 것이다.

11 미터법

모든 시대,
모든 사람을 위한 과학적 단위

⑪ 미터 원정대를 파견하다

1789년 프랑스 혁명 이후,
제각각인 도량형 단위들.

넌 나보다
1인치쯤 작구나.

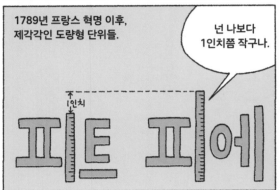

프랑스
국민의회 회의장.

도량형을 이대로 두면
안 되겠어요.

피트로 재는 바람에
재단사가 옷을 이렇게나
짧게 만들었지 뭡니까?

난 너무
길어요,
멍!

도량형 혼란으로
사회가 불안정합니다.
새로운 도량형을
시급히 만듭시다.

그럽시다. 미래에도 영원히 바뀌지 않는 것을
기초로 과학적인 도량형을 만듭시다.

좋습니다!

좋습니다!

먼저 도량형위원회를
구성합시다. 도량형위원회가
과학아카데미와 함께
표준 도량형을 만들도록
하지요.

의장

도량형위원회에서는 4명의 수학자가 활약했다.

지구 자오선을 기초로 표준 단위를 정합시다.
정확한 자오선 길이를 측정하기 위해
과학자들을 파견하겠습니다.

자오선: 지구 둘레를 뜻하는 말.

들랑브르와 메생이
파리천문대를 출발해
북쪽과 남쪽으로 향했다.

산 넘고 물 건너고
전쟁터도 건너고…

두 과학자는
됭케르크에서
바르셀로나까지
실측한 뒤,
그것을 기초로
자오선 길이를
구했다.

> **수학은 국력이다.**
>
> 👤 보나파르트 나폴레옹, 18~19세기 프랑스의 군인·황제

새로운 도량형, 미터법의 탄생

도량형은 길이(도[度])·부피(량[量])·무게(형[衡])를 재는 단위 체계를 말한다. 오늘날 보편적으로 쓰이는 도량형은 미터법으로 그 단위로는 미터, 리터, 킬로그램이 있다. 그중 핵심인 미터는 18세기 말 프랑스에서 지구 **자오선** 길이를 기준으로 만들어졌다. 세계적으로 혼란스럽고 비과학적이었던 도량형을 정리하고 과학적인 단위를 만들어 통일하여 사용할 수 있도록 한 것은 18세기 수학의 중요한 업적이다. 특히 프랑스의 역할이 컸다.

유럽의 중심에 자리한 프랑스는 17~18세기에 국력이 최전성기를 맞았다. 이 시기에 수학 연구도 활발하여 17세기에는 데카르트, 파스

자오선 ✏️
지구의 북극에서 남극을 이어 긋는 경선을 말하는데 지구의 둘레에 해당한다.

칼, 페르마가, 그 뒤를 이어 18세기에는 라그랑주, 몽주, 라플라스, 르장드르 등 많은 수학자가 활약해 수학사에 이름을 남겼다. 이들의 활동은 프랑스 혁명의 격변기에도 계속 이어지며 수학의 발전에 기여했다.

프랑스 혁명은 1789년에 일어났다. 시민들이 국왕을 몰아내고 국민의회를 구성했다. 의회는 "짐은 곧 국가"라던 절대 권력의 왕정 체제를 무너뜨리고 공화정을 수립했다. 그리고 "모든 주권은 국민에게 있으며 모든 시민은 법 앞에 평등하다."라는 '인간과 시민의 권리선언'을 발표했다. 이 선언의 17개 조항은 오늘날 민주주의의 기본 헌장이 되었다. 현재 프랑스 헌법의 전문일 뿐만 아니라 많은 국가에서 그 원칙에 따라 헌법을 만들었다.

바스티유 광장의 혁명 기념탑. 프랑스 혁명이 시작된, 바스티유 감옥이 있던 자리에 세워졌다.

프랑스 혁명 정부와 의회는 새로운 사회를 세우기 위해 다양한 개혁을 단행했다. 그러면서 어지럽게 쓰이던 도량형 단위를 통일하기로 했다. 당시 프랑스는 나라 안에서는 물론 나라 간 교역에서도 서로 다른 단위가 쓰여 몹시 혼란스러웠다. 가장 많이 쓰이던 단위인 프랑스의 피에(pied)와 영국의 피트(feet)가 약 1인치 정도 차이가 났는데, 그러다 보니 국왕의 키가 몇 인치나 다르게 알려지기도 했다. 지금 단위로 10cm 이상 차이가 나 버린 것이다. 단위가 다르게 쓰이면 상거래를 할 때 불신이 생기고 사회가 더욱 불안해진다. 나라를 안정시키려면 무엇보다 도량형 제도부터 바로잡는 것이 중요했다.

그때까지 프랑스 안팎에서 쓰이던 단위들은 주로 손이나 발, 팔 등 인체를 이용해 만들어진 것이 많았고 십진법 체계도 아니었다. 예컨대 피에와 피트는 발 길이로 정한 단위였다. 가장 작은 길이 단위로 널리 쓰인 인치는 엄지손가락 첫 마디의 길이로 정한 것으로, 인치의 12배가 피트이다. 그리고 피트의 3배인 야드는 팔 길이에서 유래한 단위로 약 0.91m이다.

프랑스 의회에서는 도량형 체계를 통일하기 위해 "미래에도 영원히 바뀌지 않는 것을 기초로 하여 과학적으로 만들자."라고 제안했다. 몽주, 라그랑주, 라플라스, 콩도르세 등 수학자들을 중심으로 도량형위원회를 구성하고 프랑스 과학아카데미에서 과학적인 새 단위 체계를 만들도록 했다.

도량형위원회에서는 1791년 파리를 지나는 지구 자오선 길이를 기초로 한 '미터'를 표준 단위로 결정했다. 미터는 측정을 뜻하는 그리스어에서 따온 말이다. 표준 단위로서 미터는 도량형에서 기본이 되는 길이 단위다. 길이 단위를 정하면 다른 단위 즉 넓이, 부피, 무게의 단위도 정할 수 있다.

그럼 지구 자오선 길이는 얼마일까? 프랑스는 혁명과 전쟁의 혼란 속에서도 자오선을 정확하게 실측하기로 했다. 이를 위해 과학자 들랑브르와 메생이 각각 파리의 북쪽과 남쪽으로 떠났다. 두 사람은 7년간 갖은 고생을 다 한 끝에 프랑스 북부 됭케르크에서 스페인 바르셀로나에 이르는 거리를 **삼각 측량법**으로 실측했다. 이를 바탕으로 북극에서 파리를 통과해 적도에 이르는 길이를 구했다. 이것은 지구 자오선의 사분원에 해당하는 길이다.

지구 둘레에 해당하는 자오선 길이는 약 4만km로, 그 사분원 길이는 약 1만km인 1000만m가 된다. 그러므로 1m를 이것의 1000만분의 1로 정했다. 즉 1m는 지구 둘레의 4000만분의 1이 되는 길이다. 이렇게 하여 표준 미터의 정확한 길이가 정해졌다.

이후 프랑스에서는 미터 길이의 기준이 되는 '미터**원기**'도 만들었다. 이때 온도에 따른 변화가 일어나지 않도록 온도 변화가 가장 적은 금속과 백금의 합금으로 만들었다. 그리고 십진법을 채택하여 1m의 1000배를 1km, 1m의 100분의 1을 1cm로 했다. 질량의 기준이 되는 킬로그램원기도 만들었다.

부피와 무게의 단위도 미터법으로 정했다. 1cm를 한 변으로 하는 정

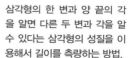

삼각 측량법 🖊

삼각형의 한 변과 양 끝의 각을 알면 다른 두 변과 각을 알 수 있다는 삼각형의 성질을 이용해서 길이를 측량하는 방법.

원기 🖊

도량형의 표준이 되는 기구.

↑ 수학자 라그랑주

↑ 수학자 몽주

↑ 과학자 들랑브르

··· 나폴레옹의 군대가 삼각 측량법으로 측정하는 모습을 그린 그림.

육면체에 들어가는 물의 부피를 1cm³, 무게를 1g이라고 했다. 또 한 변이 10cm인 정육면체에 들어가는 물의 양 1000cm³를 1ℓ라고 하고, 그 무게를 1kg으로 했다. 이렇게 자오선을 정확히 실측하고 원기를 제작한 뒤 프랑스는 1799년 미터법을 "모든 사람을 위한, 모든 시대를 위한 단위"로 선포하고 법률로 제정했다. 자국에서만이 아니라 세계적으로 미터법이 쓰이도록 하겠다는 의지였다.

도량형의 세계적 통일

미터법은 나폴레옹 원정 시기인 19세기 초부터 전쟁과 교역을 통해 유럽에 퍼져 나갔다. 수학 실력이 뛰어났던 나폴레옹은 원정을 갈 때 몽주, 푸리에, 퐁슬레 등 프랑스 수학자들이 따르도록 했다. 나폴레옹은 수학의 중요성을 강조하여 "수학의 발전은 그 나라의 번영과 밀접한 관계가 있다. 수학은 국력이다."라고 말했다. 실제로 나폴레옹 집권 시기에 많은 수학자가 배출되었으며 수학이 크게 발전했다.

하지만 나폴레옹이 물러나고 프랑스에서 왕정복고가 되면서 공화정이 추진했던 법 체제가 무너지고 미터법 제도는 제대로 시행되지 못했다. 이후 한 세기 가까이 왕정과 공화정이 뒤바뀌는 일이 반복되었고, 그 혼란 때문에 미터법이 정착하기가 어려웠다. 1875년 새 공화국이 수립되고서야 프랑스는 미터법을 정착시키는 데 힘을 쏟았다.

그런데 오랫동안 관습적으로 쓰여 온 전통적 도량형을 극복하기는 쉽지 않았다. 미터법 단위를 강제하는 제도가 시행되기도 했으나 여전히 옛 단위가 쓰였다. 프랑스는 계속해서 미터법이 세계적인 도량형이 되도록 추진했다.

마침내 1875년 프랑스에서 세계 각국이 모여 미터 조약을 체결하여 미터법을 따르기로 결정했다. 미터법으로 도량형이 통일된 것이다. 파리에는 국제도량형국을 설립하여 표준 원기를 보관했다. 또한 과학자들로 구성된 국제도량형위원회를 설립하고 도량형 국제회의를 정기적으로 열어 개선점을 찾기로 했다. 우리나라는 1959년에 이 위원회의 회원국으로 가입했으며 1964년에 미터법 단위를 쓰도록 법률로 정했다.

그 후 위원회에서는 도량형 단위를 더욱 정밀하게 만들기 위해 미터원기를 오랜 세월이 지나도 변하지 않는 기준으로 만들게 되었다. 1960년에는 금속이 아닌 빛의 파장으로 표준 길이를 새롭게 정했다. 이때 크립톤86 원소를 이용했다. 1983년에는 진공 속에서 빛이 299792458분의 1초 동안 나아간 길이를 1m로 정했다. 현재는 진공 상태에서 헬륨네온 레이저 파장의 길이를 이용해 1m의 표준 길이를 정하고 원기를 만든다. 그리고 질량의 기본 단위인 킬로그램원기는 백금과 이리듐의 합금으로 제작되었다.

프랑스에서 탄생한 십진법 도량형 체계인 미터법은 세계적인 도량형으로 발전했다. 현재 미터법을 채택하지 않은 나라는 미국, 미얀마, 라이베리아 세 곳뿐이다. 이들 나라에서는 중세 유럽에서부터 관습적으로 쓰여 온 야드파운드법을 주로 사용한다. 야드파운드법에서는 길이 단위로 미터 대신에 야드(yd)를 쓰고, 무게 단위로는 파운드(lb)를 쓴다. 1yd는 0.91m, 1lb는 0.45kg에 해당한다.

앞서 설명한 피트(ft), 인치(in), 온스(oz) 같은 단위도 야드파운드법에서 나온 것인데 이들 단위도 계속 쓰인다. 예를 들어 신체를 나타낼 때 키를 피트와 인치로, 몸무게를 파운드로 표시한다. 1yd는 3ft, 1lb는 16oz에 해당한다. 또 거리를 나타낼 때는 걸음에서 유래한 마일(mile) 단위를 쓰는데 1mile은 약 1609m이다. 부피 단위로는 쿼트(quart)와 갤런(gal)을 사용한다. 국제 유가를 표시할 때 쓰는 배럴(barrel)도 야

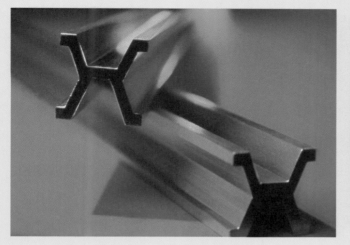

⋮ 미터원기와 킬로그램원기. 파리의 국제도량형국에 보관되어 있다.

⋮ 파리천문대의 분수대. 이 지점을 지나는 자오선으로 미터를 정했다.

드파운드법의 부피 단위다.

우리는 1960년대부터 미터법을 쓰지만 이들 단위도 낯설지는 않다. 미터법을 채택한 나라에서도 일상생활에서는 이런 단위들을 여전히 많이 사용하기 때문이다. 옷 사이즈에 인치를 흔히 쓰고 있고 스포츠 경기에서는 피트, 야드, 마일 단위가 자주 쓰인다. 한편 미터법과 함께 자기 나라의 관습적 단위를 함께 쓰는 경우도 많다. 우리나라에서도 자, 되, 근, 평 같은 전통적 단위가 일상적으로 많이 쓰인다. 고기의 무게에 '근' 단위를 쓰거나 집의 넓이에 '평'을 사용하는 식이다. 최근에는 이런 단위의 사용을 규제하는 추세이다.

그리니치 자오선과 표준 시간

세계적으로 통일을 이룬 프랑스 미터법은, 앞서 말했듯 파리천문대를 지나는 자오선을 기준으로 정했다. 그러자 모든 자오선의 기준, 본초 자오선을 정하는 문제가 국제적으로 제기되었다. 자오선이 지구의 남북을 잇는 경도를 나타내는 선이라면 본초 자오선은 모든 경도선의 기준점이 된다. 위도의 기점 0°를 적도로 정하는 것에는 모두 동의했으나 경도의 기준점에 대해서는 나라마다 의견이 달랐다.

자오선의 기준을 정하는 문제는 각국의 국제적 위상에 영향을 받았다. 파리천문대의 자오선을 기초로 만든 미터법이 국제적으로 쓰이게 되자, 프랑스에 주도권을 뺏긴 나라들은 자오선의 기준을 새롭게 정하기를 원했다. 특히 우수한 천문대를 갖춘 영국의 입장이 강했다. 프랑스는 카나리아 제도를 후보지로 제안하기도 했다. 유럽에서는 아메리카 대륙을 알기 전에 이 섬을 지구의 서쪽 끝으로 생각했기 때문이다. 그러나 대부분의 나라가 프랑스의 제안을 거절하고 영국을 지지했다.

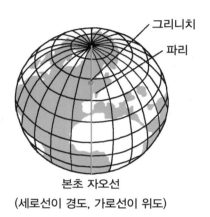

본초 자오선
(세로선이 경도, 가로선이 위도)

1884년에 열린 국제회의에서 영국 그리니치천문대의 중앙을 지나는 자오선을 본초 자오선, 즉 기준점으로 결정하고 지구의 위도와 경도를 정했다. 즉 이 자오선은 경도 0°를 나타내는 기준점으로 동경과 서경을 가른다. 경도선은 기준점에서 시작해 동쪽과 서쪽으로 180°씩 총 360°에 이른다. 그리고 위도선은 적도에서 시작해 남극과 북극까지 90°씩 총 180°가 된다.

그리니치의 자오선은 천문적, 지리적 기준점인 동시에 세계 시간의 기준점이기도 하다. 그리니치의 태양시가 세계의 표준시로 정해진 것이다. 그리니치천문대에 태양이 남중하는 시각을 '정오'로 하여 '세계시'의 표준을 만들었다. 기준점에서 동서 방향으로 각각 15°씩 떨어진 24개의 표준 경도선이 그어지고, 이에 따라 24개의 표준 시간대가 표시된다.

표준 세계시는 그리니치 자오선에서 서쪽으로 15°씩 떨어질 때마다 1시간씩 줄어들고 동쪽으로는 1시간씩 늘어나면서 표준시와 시간 차이가 생긴다. 그리고 경도 180° 지점인 아시아와 아메리카 사이에 날짜 변경선이 존재한다. 한국은 동경 135° 경선을 표준시로 삼아서 런던보다 9시간 (135 ÷ 15) 빠르다. 그런데 엄밀하게는 동경 약 127°이므로 시차는 8.5시간이다. 그래서 우리나라에서 태양의 남중 시각은 원칙적으로 30분 정도 이르다.

↑ 그리니치천문대의 본초 자오선. 동경과 서경이 나뉘고 시간이 정해지는 기준선이다.

그리니치 자오선을 기준으로 표준시가 정해지고 시간 통일이 이루어진 것은 19세기 영국 과학의 위상을 보여 준다. 영국은 일찍이 왕립 천문대를 세워 천문학을 발전시켰으며 19세기에 근대 과학에서 눈부신 발전을 이루었다. 이때 다윈의 진화론이 탄생했고 돌턴의 원자론, 패러데이와 맥스웰의 전자기학, 제너의 종두법 등 새로운 과학 분야와 이론이 탄생했다. 그뿐만 아니라 18~19세기에 일어난 산업 혁명으로 생산력이 급증하여 근대 자본주의가 성립되고 과학 기술이 크게 발달했다.

영국에서 시작된 산업 혁명은 유럽은 물론 세계 여러 지역으로 확산

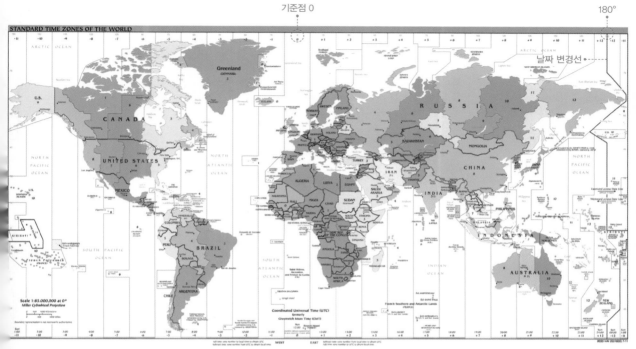

날짜 변경선

‡ 표준시가 그려진 세계지도.
그리니치 자오선에서 서쪽으
로 15°마다 1시간씩 줄어들고
동쪽으로는 1시간씩 늘어난다.

되었다. 산업과 철도의 발달로 대도시들이 활발히 연결되자 나라와 지
방마다 시간이 다른 경우가 생겼다. 또 각 나라가 자체의 태양시를 쓰
는 바람에 혼란이 빚어지며 표준시의 필요성이 제기되었다. 특히 유럽
과 아메리카 대륙에서는 여러 나라와 지역을 오가는 철도가 통과하는
시간을 표시하는 데 문제가 생기면서 시간 통일이 절실해졌다. 철도를
건설하던 공학자들이 표준시 채택을 적극적으로 제안했다. 그런 상황
에서 1884년 자오선의 기준점을 정할 때 세계의 표준시도 탄생하게 된
것이다.

20세기에 와서 시간의 단위는 더 정밀한 방법으로 정해졌다. 국제천
문연맹이 자오선을 광학적으로 관측해서 시간의 기본 단윗값인 1초를

아주 정밀하게 만들었다. 1967년에는 세슘 동위 원소 원자를 이용해 초
극도로 정밀한 초의 값을 구했다. 이로써 시간의 단위가 천문학적인 정
의에서 벗어나 독립적인 물리적 단위로 새롭게 규정되었다.

새 국제단위계

미터법은 길이 단위인 미터에서 출발해 질량 단위인 킬로그램과, 초
에 기초한 시간 단위까지 정한 것이다. 오늘날에는 미터법에서 더 나
아가 새로운 단위 체계를 만들고 국제단위계를 정립했다. 1960년 제
11차 국제도량형총회에서 길이, 질량, 시간, 전류, 온도, 물질량, 광도
의 7개 기본 단위를 만들고 이를 바탕으로 국제단위계(SI, System of
International Units)를 결정했다. 기존의 미터법에 기초한 길이, 질량,
시간의 단위에 새로운 기본 단위들이 더 정해진 것이다.

새 기본 단위로, 전류의 단위인 '암페어'(A)는 매초 일정하게 전기량
이 흐를 때 전류의 세기를 말한다. 열역학적 온도 단위인 '켈빈'(K)은
섭씨온도와 크기가 같다. 그리고 물질량을 나타내는 기
본 단위는 '몰'(mol), 빛의 세기를 나타내는 광도의 기
본 단위는 '칸델라'(cd)로 정했다.

이들 7개 기본 단위에 따라 넓이, 부피, 밀도, 속도, 가
속도, 힘, 압력, 에너지, 주파수 등 21개의 새로운 단위
가 정의되었다. 이들 단위를 유도 단위라고 한다. 예를

| 7개의 기본 단위 |

물리량	단위	기호
길이	미터	m
질량	킬로그램	kg
시간	초	s
전류	암페어	A
온도	켈빈	K
물질량	몰	mol
광도	칸델라	cd

들어 힘의 단위 '뉴턴'(N)은 질량 1kg의 물체에 1m/s²의 가속도를 줄 때 필요한 힘을 말하고, 1N의 힘으로 물체를 작용점에서 힘의 방향으로 1m 이동시키는 데 드는 일을 에너지 단위 '줄'(J)로 정의한다. 그리고 1초에 1J의 일을 하는 것과 같은 일률의 단위를 '와트'(W)로 정의했다. 오늘날 대부분의 전기 장치는 와트 수에 따라 등급이 매겨진다. 이들 세 단위는 모두 영국 과학자들인 뉴턴, 줄, 와트의 이름을 딴 것이다.

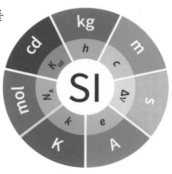

↑ 국제단위계(SI) 상징 마크. 7가지 기본 단위의 기호를 표시했다.

최근에는 이들 단위에 미세한 오차가 생기는 것을 막기 위해 시간이 흘러도 변하지 않는 값으로 다시 정의했다. 2018년 국제도량형총회에서 7개 기본 단위를 상숫값으로 재정립하여 모두 고정된 불변의 값을 갖게 되었다. 이로써 미터법에서 출발해 발전해 온 도량형 단위가 영원히 변하지 않는 값으로 완성되었다.

이제 도량형 단위는 매우 정밀하고 과학적인 수준으로 발전했다. 220여 년 전 프랑스에서 미터법을 처음 만들 때 제안했던 '미래에도 영원히 바뀌지 않는 것을 기초로 하여 과학적으로 만들자'던 목적이 마침내 이루어진 것이다. 새롭게 정의된 국제단위계는 2019년 5월 20일 '세계 측정의 날'부터 사용하기 시작했다.

우리나라에서는 일찍이 도량형을 중요하게 여기고 삼국 시대부터 제도를 만들었다. 길이, 부피, 무게를 재는 도량형 제도는 기원전 221년 중국의 진시황 때 만들어졌는데 이것이 우리나라에 전해져 우리 실정에 맞게 정립되었고 나라가 어지러울 때마다 다시 정비되었다.

조선 건국 초기에 지방마다 도량형이 다르게 쓰여 혼란스럽고 세금을 걷는 데도 차질이 생기자, 세종 때 도량형을 새로 정비하고 제도를 마련했다. 표준 도량형 기구를 만들어 나라의 기본 '잣대'로 전국에서 사용하도록 했으며 이를 어기는 자는 큰 형벌에 처했다. 세종 때 정비한 도량형 제도가 오랫동안 쓰여 오늘날까지 이어지고 있다.

우선 우리 도량형의 표준 길이 단위로 '자'를 썼으며 이는 '척'으로도 불린다. '한 자'의 길이는 시대에 따라 조금씩 달랐는데 현재 1자는 약 30.3cm이다. 1자는 10치, 40자는 1필이 된다. 흔히 '삼척동자', '세 치 혀', '비단 한 필'이라는 말을 쓰는데 모두 길이 단위를 사용해 표현한 것이다. 그리고 거리를 표시할 때는 걸음을 뜻하는 '보'를 썼고 300보를 '리'로 했다. 리[里]에는 마을이라는 뜻이 있는데, 옛날에 '리'를 단위로 작은 마을이 생겨났음을 짐작할 수 있다. 흔히 말하는 '십 리'를 지금의 미터 단위로 하면 약 4km가 된다.

표준 단위인 '자'의 길이는 어떻게 정했을까? 1자는 황종관이라는 피리로 정했다. 우리나라 고유의 기본 음률은 12음률인데 황종관은 가장 낮은 황종 음을 내는 피리이다. 피리는 미세한 길이 차이에도 소리가 달라질 정도로 음률이 예민하기 때문에 아주 정밀하게 만든다. 그래서 피리로 자의 길이를 정하면 정밀한 단위가 될 수 있다.

이렇게 만들어진 '자'가 길이를 재는 기구로 쓰였다. 자는 용도에 따라 여러 가지가 있었다. 관공서에서 쓰는 길이가 짧은 '주척', 비단이나 옷감의 길이를 재는 '포백척'이 있었고, 공사에는 '영조척', 예식에는 '예기척'이 사용되었다. 지방 관리로 임명되거나 암행어사가 되어 지방을 갈 때면 놋쇠로 만든 '유척'을 받아 갔다. 표준 자가 전국적으로 통일되어 쓰이도록 하기 위해서였다. 이 자는 사각 기둥의 네 면에 주척, 예기척, 영조척, 포백척이 새겨져 있다.

부피와 무게를 재는 기준도 황종관 피리로 만들었다. 황종관에 곡식(기장)을 가득 두 번 채운 양을 1홉으로 하여 부피의 기준을 정했다. 10홉은 1되가 되며 1.8ℓ에 해당하는 부피다. 10되를 1말, 10말을 1섬으로 했다. 부피를 재는 기구인 홉, 되, 말은 나무로 만든 사각형이나 원통을 사용했다.

또한 1홉의 무게를 1냥으로 정하고 10돈을 1냥, 16냥을 1근으로 했다. 금과 은, 약재 같은 아주 적은 양의 무게에는 '냥', '돈'을 단위로 사용했고 채소, 고기 등의 무게에는 '근', '관'을 사용했다. 채소는 한 근이 375g, 고기는 한 근이 600g에 해당한다. 무게를 재는 기구로는 저울을 사용했는데 약을 다는 약저울, 평형 저울, 추를 사용하는 저울이 쓰였다.

세종 때 만든 도량형 제도는 20세기에 미터법이 사용되기 전까지 500년 동안 쓰였다.

↕ (왼쪽) 포백척.
(오른쪽) 유척.

약저울

말

되

홉

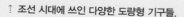

↑ 조선 시대에 쓰인 다양한 도량형 기구들.

화성 탐사선 실종 사건

세포, 전자 회로 등 미세한 것들을 측정할 때나 우주 공간의 천문학적 수치를 다룰 경우에는 정밀한 단위가 매우 중요하다. 지구에서 멀리 떨어진 별의 위치를 구할 때는 도량형 때문에 엄청난 차이가 생길 수도 있다. 단위를 잘못 계산해서 인공위성이나 우주선이 전혀 다른 곳에 도달할 수도 있는 것이다.

실제로 도량형 때문에 엄청난 사건이 발생하기도 했다. 1999년 지구에서 1억km 이상 날아가던 화성 탐사선이 갑자기 사라져 버렸다. 실종된 탐사선은 286일간의 우주여행을 마치고 화성 궤도 진입을 앞두고 있었다. 그런데 우주선이 화성에 접근하면서 계획보다 약 100km 아래로 이탈했는데, 너무 낮은 고도로 비행하는 바람에 결국 화성의 대기권에 부딪혀 폭발해 버리고 말았다.

사고의 원인을 알아보니 너무나 어처구니없는 일이 있었다. 우주선 설계와 제작 과정에서 단위를 잘못 사용하는 바람에 우주선이 파괴된 것이다. 미국의 항공우주국(나사, NASA) 제트추진연구소와 우주선 제작사인 록히드마틴이 각각 미터법과 야드파운드법을 계산에 썼다. 록히드마틴은 우주선 비행 시스템을 설계할 때 파운드 단위를 사용했는데, 이를 나사에서는 미터법의 킬로그램 단위로 착각해서 탐사선의 추진력을 계산한 것이다. 그러는 바람에 탐사선에 더 많은 힘이 작용해 탐사선은 화성에 더 가까이 접근하고 말았다. 탐사선은 예정보다 빨리

←⋯ 화성 탐사 로봇 '큐
리오시티'. 2012년의
모습.

화성에 근접했고 통신이 끊어지며 시야에서 완전히 사라졌다. 제작비
로 1억 달러 이상이 들어간 탐사선이 그렇게 날아가 버렸다. 엄청난 손
실을 본 미국 항공우주국은 앞으로 우주 탐사에서는 미터법만을 사용
할 것을 공식적으로 밝혔다. 이 사건은 단위 통일이 얼마나 중요한지
깨닫게 해 준다.

12

다면체 공식

도형과 공간의 연결

⑫ 쾨니히스베르크 다리 건너기

18세기, 러시아의 거리를 산책하고 있는 오일러.

독일에서 날아온 소문이 퍼졌다.

쾨니히스베르크의 강에 있는 일곱 다리를 한 번에 건너는 방법을 찾는 사람에게 상금을 준다네!

내가 그 방법을 찾아보겠어!

나도!

나도!

뭔가 계산 중인 오일러

엥, 웬 김빠지는 소리야?

그렇게 찾다간 평생 걸린다네.

7개 다리를 일일이 건너는 방법은 7×6×5×4×3×2×1, 5040가지가 되거든!

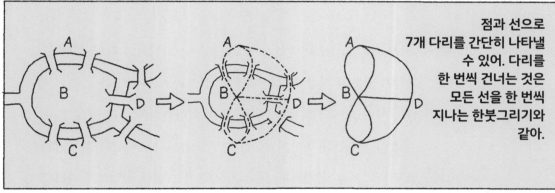

점과 선으로 7개 다리를 간단히 나타낼 수 있어. 다리를 한 번씩 건너는 것은 모든 선을 한 번씩 지나는 한붓그리기와 같아.

점과 선으로 연결하다, 한붓그리기

독일의 옛 도시인 쾨니히스베르크(오늘날 러시아의 칼리닌그라드)는 철학자 칸트가 평생 살았던 곳으로, 칸트가 매일 똑같은 시간에 산책해서 사람들이 그를 보고 시계를 맞추었다는 이야기가 전해 온다. 그런데 이 도시를 유명하게 한 것이 또 하나 있다. '쾨니히스베르크의 다리 건너기'라는 문제이다. 이 도시를 흐르는 강에 놓인 7개 다리를 한 번씩 모두 건너는 방법을 찾는 문제다.

18세기 수학자 오일러가 **한붓그리기**라는 것을 발견해 이 문제를 풀었다. 7개의 다리를 한 번에 건너는 방법이 없음을 증명한 것이다. 한붓그리기는 모든 선분을 한 번만 지나서 제자리로 돌아오는 것을 말한다. 도형을 그릴 때 선을 떼지 않으면서, 어느 곳도 반복해 지나지 않고 한 번에 그리는 것이다.

오일러는 홀수점이 없거나 2개인 경우에만 한붓그리기가 가능하다고 했다. 한 점에 연결된 선분의 수가 홀수인 경우를 홀수점이라고 한다. 홀수점이 없으면 어느 점에서 출발해도 한붓그리기가 가능하고, 홀수점이 2개일 경우에는 반드시 한 홀수점에서 시작해야 다른 홀수점에서 끝난다. 아래 그림에서 왼쪽 도형은 홀수점이 2개이므로 한붓그리기를 할 수 있고 오른쪽 도형은 홀수점이 4개이므로 한붓그리기를 할 수 없다.

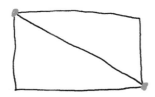 

쾨니히스베르크시를 간단히 그려 보자. 이 도시의 강에는 모두 7개의 다리가 놓여 있으며 A, B, C, D 네 지역으로 나뉜다. 이를 점과 선으로 연결된 간단한 도형으로 나타낸다. 이때 선의 길이나 구부러진 정도, 각의 크기 등 도형의 모양은 상관하지 않는다. 네 지역을 점으로 표시하고 다리를 선으로 연결해서 간단히 그리면 다음 그림의 오른쪽 도형이 된다.

그런데 A, B, C, D 네 점은 연결된 선분의 수가 모두 홀수이므로 홀수점이 4개이다. 그러므로 한붓그리기를 할 수 없다. 따라서 쾨니히스베르크의 다리 7개를 한 번에 건너는 방법은 없다.

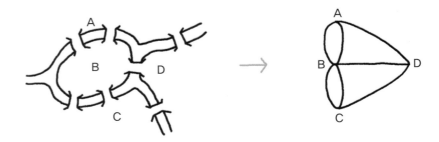

한붓그리기는 이렇게 사물을 점과 선으로 된 도형으로 나타내고 한 번에 그리는 것이다. 한붓그리기를 할 때 도형의 크기나 모양은 상관하지 않는다. 즉 선분의 길이와 각의 크기, 면의 넓이를 상관하지 않으며 직선과 곡선을 따지지 않는다. 한붓그리기는 이후 사물을 점과 선으로 연결하여 연구하는 그래프 이론으로 이어진다.

「오일러의 초상」, 1778년 작.

18세기 가장 위대한 수학자로 불리는 레온하르트 오일러는 1707년 스위스의 바젤에서 태어났다. 수학에 뛰어난 재능을 발휘해 20세에 러시아 상트페테르부르크과학원의 교수로 초빙되었다. 오일러는 비상한 기억력과 암산 능력으로 유명했는데 한번은 과학원에서 사람들이 계산을 두고 옥신각신하자 오일러가 암산으로 50자리나 되는 수를 다시 계산해 주어 모두를 놀라게 했다.

오일러는 28세일 때 수학자들이 몇 개월이나

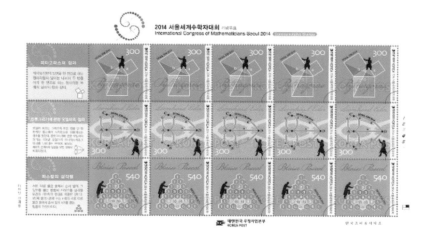

걸려 푸는 문제를 단 3일 만에 풀었는데, 그때 연구에 너무 집중하는 바람에 시신경이 손상되어 오른쪽 눈의 시력을 잃었다. 나이가 들어서는 왼쪽 눈마저 시력을 잃어 장님이 되고 말았다. 그럼에도 불구하고 왕성하게 연구 활동을 했다. 젊은 시절에 읽었던 책의 모든 내용을 외울 정도로 기억력이 뛰어났고 암산으로 계산하는 습관이 있었기 때문에 눈이 멀어도 수학 연구를 할 수 있었던 것이다. 오일러는 1783년 천왕성의 궤도를 계산하다가 숨을 거두었다. 세상을 떠나는 순간에도 수학 계산을 한 것이다.

오일러는 정수론, 미적분학, 해석기하학, 수리역학 등 수학의 여러 분야에 방대한 업적을 남겼으며 현대 수학의 중요한 분야인 위상수학을 개척했다. 엄청나게 많은 저서와 논문을 남겼는데 오일러의 논문집은 사후 100여 년이 지나서야 모두 나올 수 있었다.

오늘날 쓰는 수학 기호 중에는 오일러가 만든 것이 많다. 오일러는 원주율을 π, 함수 기호를 $f(x)$, **허수** $\sqrt{-1}$을 i로 썼고 총합을 나타내는 기

허수 ✏️
제곱하여 음수가 되는 수. 실수가 아닌 수.

호 Σ를 만들었다. 그리고 기하학에서 각을 A, B, C 등 대문자로, 변을 a, b, c 등 소문자로 나타냈다.

오일러의 다면체 공식

오일러가 발견한 한붓그리기는 도형의 모양을 따지지 않고 도형의 연결 상태만 보는 것이다. 오일러는 한붓그리기에서 출발하여 모양과 형태에 영향을 받지 않는 도형의 성질을 연구해서 다면체 공식을 발견했다.

오일러는 구멍이 없는 다면체에서 꼭짓점의 수와 면의 수를 더한 뒤 변의 수를 빼면 항상 2가 됨을 밝혔다. 즉 꼭짓점의 개수를 v, 변의 개수를 e, 면의 개수를 f라 할 때 다음과 같은 관계가 성립한다.

$$v - e + f = 2$$

정다면체의 꼭짓점, 변, 면의 개수를 구해 보자. 다음 표와 같다.

	꼭짓점의 개수 v	변의 개수 e	면의 개수 f	$v - e + f$
정사면체	4	6	4	2
정육면체	8	12	6	2
정팔면체	6	12	8	2
정십이면체	20	30	12	2
정이십면체	12	30	20	2

위의 표에서 $v-e+f=2$가 됨을 알 수 있다. 정다면체뿐 아니라 구멍이 없는 모든 다면체에서 위의 공식이 항상 성립한다. 또한 오일러는 구멍이 1개 있는 다면체의 경우에는 $v-e+f$가 0이 된다고 했다.

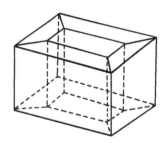

$$v - e + f = 16 - 32 + 16 = 0$$

오일러의 다면체 공식은 도형의 모양이나 크기와 관계없이 점, 선, 면이 어떻게 연결되는지를 나타낸 것이다. 이 공식에서는 도형의 연결 상태가 같으면 같은 성질을 갖는 도형으로 본다. 사면체나 오면체나 아무리 면이 많은 다면체라도 같은 도형으로 취급하는 것이다.

그러므로 삼각형과 오각형 같은 평면도형을 고무판처럼 늘였다 줄였다 해서 원형으로 만들 수 있으며, 각뿔이나 육면체같이 구멍이 뚫리지 않은 입체도형을 부풀리면 구형으로 바꿀 수 있다. 도형뿐 아니라 사물의 모양과 형태도 마찬가지로 바꿀 수 있다.

아래 그림을 보면 삼각뿔이나 컵이 어떻게 구와 같은 모양이 되는지 알 수 있다. 머그잔처럼 손잡이가 있는 컵은 구멍이 뚫린 도넛과 같은 모양으로 바뀔 수 있다. 즉 도넛과 머그잔은 연결 상태가 같은 도형이다. 반면 손잡이가 없는 컵과 손잡이가 있는 머그잔은 연결 상태가 다르므로 성질이 전혀 다른 도형이다.

삼각뿔, 컵, 공은 연결 상태가 같다.

머그잔, 튜브, 너트는 연결 상태가 같다.

머그잔과 도넛을 연속적으로 변형시키면 연결 상태가 같은 도형이 된다.

오일러의 수학은 도형의 크기와 모양과 관계없이 연결 상태만을 나타낸다. 이렇게 도형을 늘이거나 줄여서 연속적으로 변형시킬 때 변하지 않고 보존되는 성질을 연구하는 분야를 **위상수학**이라고 한다. 도형이나 공간의 위치 관계와 형상을 다루는 수학이라는 뜻이다. 18세기 오일러가 개척한 위상수학은 19세기에 리만과 푸앵카레가 더욱 발전시켜 나갔다.

안팎 구분이 없는 뫼비우스의 띠

19세기 독일의 수학자 뫼비우스는 위상수학의 발전에 선구적 역할을 했다. 그는 1858년 안과 밖이 구분되지 않은 곡면을 만들었는데 이 곡면은 그의 이름을 따서 '뫼비우스의 띠'로 불린다. 이는 긴 직사각형의 양 끝을 180° 비틀어 붙인 곡면 띠로, 안팎이 구분되지 않아 면이 하나밖에 없는 것이 특징이다. 보통 띠는 면이 2개지만, 뫼비우스의 띠는 한 번 꼬아 붙여서 면이 하나인 곡면이 된 것이다.

그래서 이 곡면 띠는 한쪽 면을 따라 색칠하더라도 안쪽과 바깥쪽이 모두 칠해진다. 또 뫼비우스의 띠를 따라 선을 그으면 안팎에 모두 선이 그어진다. 이렇게 그은 선을 따라 가위로 자르면 띠가 둘로 나눠지지 않고 연결되어 긴 곡면 띠가 다시 만들어진다. 곡면이 끊어지지 않고 두 번 꼬인 긴 고리 모양이 되는 것이다.

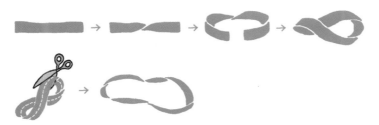

뫼비우스의 띠를 만드는 법

↑ 클라인 병을 유리로 만든 모형. 클라인 병은 4차원 공간에서 만들 수 있어 현실에서는 표현할 수 없다. 이 모형은 완전한 클라인 병이 되지 않는다.

이런 뫼비우스의 띠는 공장에서 쓰는 벨트 컨베이어에 활용된다. 보통 벨트는 한 면만 기계에 닿아서 빨리 닳게 된다. 반면에 한 번 꼬아 만든 벨트는 안팎 구분 없이 양쪽 면이 기계에 닿으므로 더 오래 쓸 수 있다. 벨트가 한 바퀴 돌 때마다 양쪽 면이 골고루 기계에 닿는 것이다. 뫼비우스의 띠 형태의 벨트가 더 오래 쓸 수 있어 경제적이기 때문에 슈퍼마켓 계산대나 에스컬레이터의 손잡이 벨트 등 많은 곳에 사용되고 있다.

한편, 독일의 수학자 클라인은 1882년 공간의 안과 밖이 구분되지 않는 곡면을 생각해 냈다. 2차원 면의 양 끝을 붙여 뫼비우스의 띠를 만들듯이, 3차원 공간의 양 끝을 연결해서 만드는 것이다. '클라인 병'으로 불리는 이 곡면은 표면이 하나뿐이고 공간의 경계가 없어서 안팎 공간이 구분되지 않는다. 그런데 이 클라인 병을 만들려면 4차원 공간이 필요하다. 3차원 현실 공간에서는 이를 만들 수 없다.

곡면에서는 평행선을 그을 수 없다

우리가 사는 지구는 둥근 곡면이다. 곡면에서는 직선을 그을 수 없다. 곡면 위에 긋는 선은 곡선이고 평행한 직선도 그을 수 없다. 또 곡면에서는 수직선과 직각을 만들지 않고 삼각형 내각의 합도 180°가 아니다. 이렇게 곡면에서의 기하학은 이전의 수학과는 전혀 다른 새로운 발상의 수학이다. 곡면에 대한 구상이 시작되면서 기존 기하학은 새로운 도전을 받게 되었다.

1826년 러시아의 수학자 로바쳅스키가 "직선 밖의 한 점에서 그 직선과 평행한 직선을 그을 수 있다."라는 '평행선 공리'를 부정하고 기하학의 새로운 원리를 발표했다. 비슷한 시기에 헝가리의 보요이도 곡면에서는 평행선이 존재하지 않음을 증명했다. 이것은 평행선이 항상 존재한다는 유클리드의 공리를 뒤엎는 것이었다. 2000년 동안 수학의 절대 진리였던 이론이 곡면에서는 더 성립하지 않게 되었다.

↑ 로바쳅스키의 초상.

평면

내각의 합 = 180°
평행선이 하나 있다.

볼록한 곡면

내각의 합 > 180°
평행선이 없다.

오목한 곡면

내각의 합 < 180°
평행선이 무수히 많다.

이와 같은 기하학을 유클리드 이론이 아니라는 뜻으로 '비유클리드 기하학'이라고 한다. 로바쳅스키는 '기하학의 코페르니쿠스'로 불리게 되었으나 당시에 그의 이론은 터무니없다는 비난을 받으며 인정받지 못했다. 곡면기하학을 창안한 '수학의 왕자' 가우스도 오랫동안 비유클리드 기하학을 연구했으나 논란을 꺼려 발표하지 않았다. 그러다가

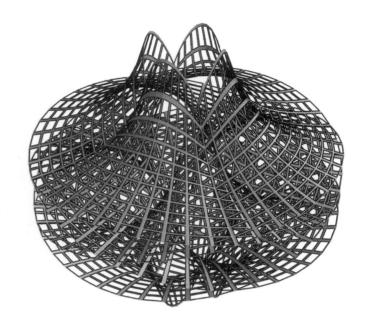

→ 리만 곡면을 표현한 함수 그래프. 리만의 이론은 중력에 따라 휘어진 우주 공간을 설명하는 모델이 되고 있다.

1854년 독일의 젊은 수학자 리만이 "곡면에서는 평행선을 그을 수 없다."라고 선언하며 비유클리드 기하학을 체계적으로 정리했다. 리만은 새로운 유클리드가 나타났다는 말을 들었다.

현대 수학은 비유클리드 기하학에서 새로 출발한다. 위상수학에서 탄생한 이 기하학은 수학의 대전환을 일으켜 현대 수학을 발전시켰다. 리만의 이론은 20세기에 아인슈타인이 일반 상대성 이론을 완성하고 중력에 의해 휘어진 우주 공간을 설명하는 데 활용되었다. 오늘날에도 우주 공간을 설명하는 모델이 되고 있다.

이렇게 현대 수학은 추상적 수와 공간을 다루는 수학으로, 위상수학에서 출발하여 비유클리드 기하학을 탄생시키며 발전할 수 있었다. 그리고 집합론의 탄생으로 새로운 전기를 맞았다.

네비게이션은 어떻게 최단 경로를 찾을까?

오일러가 한 것처럼 사물을 점과 선으로 연결해서 나타내면 아무리 복잡한 형태도 간단히 파악할 수 있다. 지하철 노선표를 보면 이를 잘 알 수 있다. 노선표는 실제 모양과 거리를 무시하고 행선지들을 꼭짓점으로 하여 연결 상태만 그린 것이다.

다음은 A~G의 지점을 연결하는 도로망을 점과 선으로 간단히 나타낸 것이다. 버스가 모든 도로를 빠짐없이 다니게 하려면 경로를 어떻게 만들어야 할까? 한붓그리기를 이용하면 그 경로를 찾을 수 있다.

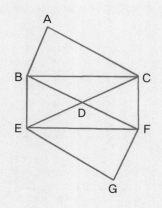

앞서 말했듯 한붓그리기는 홀수점이 없거나 2개일 때 가능하다. 그림에서 A~G의 꼭짓점은 모두 짝수점이다. 홀수점이 없으므로 한붓그리기를 할 수 있다. 홀수점이 없을 경우 어느 지점에서 시작해도 모든 변을 지나 시작점으로 돌아온다. 따라서 버스는 어느 곳에서 출발하더라도 모든 도로를 한 번씩 빠짐없이 운행하고 출발점으로 돌아오게 된

다. 버스 노선을 만들거나 학원 차량, 순찰차, 청소차를 운행할 때 한붓
그리기를 활용하면 효율적이다.

그렇다면 A에서 출발하여 G까지 갈 때 가장 짧은 경로는 무엇일까?
각 지점 사이의 거리가 숫자로 표시되어 있는데, 거리를 계산하면 출
발 지점에서 목적지까지 가는 가장 짧은 경로를 찾을 수 있다. 즉 출발
지 A에서 갈 수 있는 경로는 B까지 5km, C까지 15km일 때 짧은 거리
인 B를 택한다. 그리고 B에서 D, F를 거쳐 목적지 G로 가는 것이 가장
짧은 경로가 된다. A에서 목적지 G까지 찾아가는 최단 경로는 붉은 선
에 해당한다.

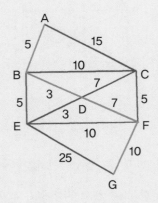

현재 내비게이션 장치와 웹 서비스에서 '빠른 길 찾기' 기능을 제공
하는데, 이 기능이 바로 이렇게 출발점과 도착점 사이의 최단 경로를
찾아 안내하는 것이다. 이 프로그램들은 GPS(위성 항법 시스템) 위성

에서 전파를 받아 위도, 경도, 좌푯값을 알아내 위치를 파악한 다음, 이 위치 정보를 내비게이션 장치에 내장된 지도와 최단 경로 찾기 프로그램에 적용해 경로를 찾는다.

최단 경로는 두 지점 사이를 연결하는 경로 중 가장 짧은 경로인데, 최단 경로 찾기 프로그램은 수학적으로 만든 '최단 경로 알고리즘'으로 실행한다. 이 알고리즘은 내비게이션 장치와 웹 서비스뿐만 아니라 네트워크, 교통, 로봇 공학 등 많은 산업 분야에 적용되고 있다.

'빠른 길 찾기' 같은 서비스는 무엇보다 위급한 상황에서 아주 유용하다. 실제로 최단 경로 프로그램이 가장 먼저 쓰인 것은 혈액원에서 혈액을 신속하게 병원에 이송하는 노선을 짤 때였다고 한다.

한편 최단 경로가 아니라 여러 목적 지점을 모두 빠짐없이 빠르게 방문하는 경우에 쓰이는 경로도 있다. 이는 특히 세일즈맨에게 유용하여 이른바 '세일즈맨 경로'로 불린다. 이 경로는 출장이나 여행을 갈 때, 많은 도시를 오가는 비행 항로를 만들 때 활용할 수 있다. 최근에는 빠르게 여러 곳에 배달해야 하는 우편과 택배 서비스에 편리하게 쓰인다.

13 집합

묶어서 하나로 만들다

⑬ 무한집합에 도전하다

기원전 6세기,
피타고라스

지구는
둥글다!

지구가 둥글면 어떻게 서 있지?
바닷물도 쏟아질 텐데.

미쳤군,
미쳤어.

16세기,
코페르니쿠스

태양을 중심으로
지구가 돈다!

억지 주장을
하고 있군. 정신 나간 소리
집어치우게!

1874년 무렵, 베를린대학.
칸토어는 무한집합 논문을 발표했다.

무한집합은
가능해.

저 친구 벌써 몇 년째 무한히 많은 것을
셀 수 있다고 무한집합 이론을
주장하더군.
그런 터무니없는 연구를 하다니,
크로네커 교수가 화를
낼 만해.

그러게 말일세.
앗,
크로네커 교수가
오시는군!

내가 그렇게 말했는데, 논문을 또 썼더군. 자네의 집합론은 잘못됐어.

....

조건을 명확히 제시하면 원소가 무한히 많은 것도 집합이 됩니다.

말도 안 되는 소리! 수는 정수만 인정된다는 걸 모르나?

뿜!

유리수와 실수 체계를 정의할 수 있습니다. 그러면 수에 관한 공리 체계를 완전히 정리할 수 있어요. 이번 논문에서 증명을….

글쎄, 자네 논문은 엉터리야! 자네는 우리 대학 교수가 절대 되지 못할 줄 알아!

당시 수학자들은 칸토어의 이론을 이해하지 못했다.

그의 말년에야 집합론이 세상의 인정을 받았지만

칸토어는 1918년 병원에서 생을 마감했다.

> ## 수학의 본질은 자유로움에 있다.
>
> 👤 게오르크 칸토어, 19~20세기 독일의 수학자

칸토어의 집합론 탄생

집합은 어떤 조건에 의하여 그 대상을 분명히 알 수 있는 것의 모임을 말한다. 그리고 집합을 이루는 대상 하나하나를 그 집합의 **원소**라고 한다. 우리 반 학생의 모임이나 자연수의 모임과 같이 대상이 분명할 때 집합이 된다. 그러나 '키가 큰 사람의 모임', '축구를 좋아하는 사람의 모임'은 '키가 크다', '좋아하다'라는 것에 대한 기준이 사람마다 다르므로 집합이 아니다. '키가 180cm 이상인 사람의 모임'이라든가 '국가 대표 축구 선수의 모임'과 같이 대상의 기준이나 조건을 분명히 정할 때 집합이 될 수 있다.

이처럼 집합은 '어떤 조건에 맞는 원소들의 모임'으로 정의된다. 이를테면 5는 자연수 집합의 원소가 된다. 자연수 집합을 A라고 할 때 '5는 집합 A에 속한다'라 하고, 이것을 기호 5∈A로 나타낸다.

집합을 나타내는 방법으로 집합의 모든 원소를 { } 안에 나열하여 나타내는 원소나열법이 있다. 자연수 집합처럼 원소 수가 많을 때는 {1, 2, 3, 4, 5, 6…}으로 원소의 일부만 나타내고 나머지는 생략하기도 한다. 또는 {x|x는 자연수}와 같이 조건제시법으로 나타낼 수도 있다. '우리 반 학생의 집합'이나 '6의 약수의 집합'과 같이 원소를 셀 수 있

↑ 집합론을 창시한 칸토어.

는 집합을 유한집합이라고 한다. 그리고 자연수, 유리수의 집합과 같이 원소의 개수가 무수히 많아 끝까지 셀 수 없는 집합을 **무한집합**이라 한다.

이런 집합에 관한 이론은 1883년 독일의 수학자 게오르크 칸토어가 처음 발표했다. 칸토어는 정수, 유리수와 같이 원소의 개수가 셀 수 없이 무한한 것을 규정하기 위해 무한집합 이론을 창안했다. 그는 두 무한집합 사이에 원소들을 나열하여 일대일 대응시키는 방법으로 무한집합도 셀 수 있으며 크기를 비교할 수 있음을 증명했다. 칸토어의 집합론에 의해 무한집합인 자연수, 정수, 유리수와 실수에 대한 개념을 규정하고 수의 체계를 정의할 수 있었다.

칸토어는 1845년 러시아 상트페테르부르크에서 태어나 베를린대학교에서 수학을 공부했다. 당시 정수론 분야에 탁월한 업적을 남긴 수

학자 크로네커와 쿠머, 바이어슈트라스의 가르침을 받을 수 있었다. 1867년에는 가우스가 제시한 미해결 이차방정식 문제를 풀어 박사 학위를 받았다. 이때 칸토어는 증명에 성공한 것보다 미해결 질문이 수학의 발전에 더 유익하다고 하며 "수학에서는 질문이 해답보다 더 가치가 있다."라는 논문 제목을 달기도 했다.

칸토어는 무한 이론 연구에 몰두하여 29세 때인 1874년 집합론에 관한 논문을 발표했고 1883년 『집합론 기초』를 썼다. 그러나 당시 수학자들은 칸토어의 이론을 이해하지 못했다. 많은 비판에도 불구하고 칸토어는 20년간 연구를 계속하여 1895년 『초한 집합론에 대한 기여』를 써서 집합론을 완성했다. 이 책은 칸토어의 대표적 저서로 20세기에 널리 읽혔다. 칸토어는 무한히 많지만 셀 수 있는 수를 '초한수'라고 했다. 이 개념을 사용하여 무한집합인 수의 체계를 세웠다.

칸토어의 집합론으로 수의 개념과 분류, 연산 법칙 등 수에 관한 논리적 체계가 정리될 수 있었다. 또 무한집합의 크기를 비교하고 포함 관계를 밝힐 수 있었다. 예를 들어 자연수, 정수 집합은 유리수 집합에 포함되고 이들 집합은 모두 실수 집합에 포함된다. 유리수는 두 정수 a, b를 $\frac{b}{a}$인 분수로 나타낸 수이고, 무리수는 유리수가 아닌 수를 말한다. 실수는 유리수와 무리수 모두를 일컫는 수이며, 사칙연산이 성립하고 덧셈과 곱셈에 관한 교환법칙과 결합법칙이 성립한다. 칸토어의 집합론으로 오늘날 수학의 기초를 다질 수 있었다.

칸토어에 의해 현대 수학의 새 분야인 집합론이 탄생했다. 그러나 칸토어의 이론은 처음 나왔을 때 잘못된 것이라며 거센 비판을 받았다.

심지어 스승인 크로네커의 강한 반대로 칸토어는 베를린대학교의 교수가 될 수 없었다. 칸토어의 무한집합 이론이 새로운 이론이었던 데다 특히 크로네커의 정수론 연구 내용과 달라서 반발을 불러일으켰다. 비난과 공격에 괴로워하던 칸토어는 정신 질환을 앓으며 불행한 생애를 보냈다. 그의 말년에야 집합론이 세상의 인정을 받았지만 칸토어는 1918년 병원에서 생을 마감했다.

집합의 연산, 드모르간의 법칙

칸토어의 집합론에 따라 정수, 유리수, 실수 같은 무한집합도 묶어서 연산할 수 있게 되었고 이들 집합 사이의 포함 관계도 밝힐 수 있게 되었다. 어떤 집합 A에 속하는 모든 원소가 집합 B에 속할 때, A를 B의 부분집합이라고 한다. 이때 집합 A는 집합 B에 '포함된다'고 하고 기호 A⊂B로 나타낸다. 정수는 유리수에 포함되는 부분집합이고 유리수는 실수에 포함되는 부분집합이다.

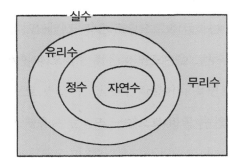

집합의 포함 관계를 벤 다이어그램으로 나타내면 이해하기 쉽다. 벤 다이어그램은 추상적인 기호로 된 수학을 쉽고 간편한 그림으로 나타낸 것이다. 1880년 영국의 논리학자 존 벤이 고안했다. 공통 성질이 있는 원소들로 이루어진 집합을 주로 둥근 영역으로 표시한다.

집합에 속한 원소를 합치거나 빼거나, 공통인 원소를 찾는 방법으로 연산을 할 수 있다. 집합 A에 속하거나 집합 B에 속하는 원소로 이루어진 집합을 A와 B의 합집합이라 하고 기호로 A∪B와 같이 나타낸다. 집합 A에도 속하고 B에도 속하는 원소로 이루어진 집합을 A와 B의 교집합이라 하고 A∩B와 같이 나타낸다. 그리고 A의 원소 중에서 B에 속하지 않는 원소로 이루어진 집합을 A에 대한 B의 차집합이라 하고 A−B와 같이 나타낸다.

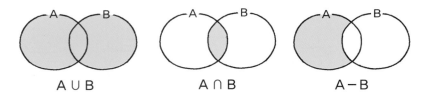

A∪B   A∩B   A−B

전체 집합 중에서 집합 A에 속하지 않는 원소로 이루어진 집합을 A의 여집합이라 하고 기호 A^C로 나타낸다. 집합 A와 A^C의 합집합은 전체 집합이고 A와 A^C의 교집합은 원소가 없다. 원소가 하나도 없는 집합은 공집합이라 하고 기호 Ø로 나타낸다. 두 집합 사이에 교집합이 없을 경우 '서로 소'라고 한다. 서로 공통으로 포함하는 원소가 없다는 뜻이다.

집합들의 교집합의 부정(여집합)은 각 여집합의 합집합과 같고, 합집합의 부정은 각 여집합의 교집합과 같다. 이를 '드모르간의 법칙'이라고 한다. 이때 집합의 연산에서 교환법칙, 결합법칙, 분배법칙이 성립함을 알 수 있다.

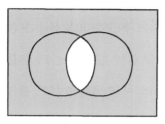

$$(A \cap B)^C = A^C \cup B^C$$

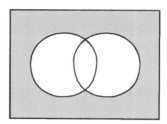

$$(A \cup B)^C = A^C \cap B^C$$

드모르간의 법칙을 위와 같이 벤 다이어그램으로 나타내면 쉽게 알 수 있다. 드모르간의 법칙은 19세기 영국의 수학자 드모르간이 만든 것이다. 드모르간은 수학에서 논리적 기호 체계를 만들어 수리논리학을 발전시키는 데 기여했다.

드모르간은 현대대수학의 기초를 마련했으며 해석기하학, 미적분학에 관한 많은 논문과 저서를 남겼다. 해설이 명쾌한 그의 책들은 대수학과 기하학의 교과서로 사용되었다. 드모르간은 런던 수학회를 설립하여 19세기 영국의 수학을 이끌었으며 학문적 자유와 종교적 관용을 주장했다. 당시 영국에서는 종교적 제약이 심했는데 드모르간은 교수 채용을 위한 종교 시험을 거부해

'드모르간의 법칙'을 만든 수학자 드모르간.

서 불이익을 받기도 했다.

드모르간은 재미있는 역설 모음집을 내기도 했다. 그는 나이와 태어난 해를 묻는 질문에 "나는 x^2년에 x살이다."라고 대답했다고 한다. 43^2인 1849년에 그는 43세였다.

명제의 논리 체계를 세우다

드모르간의 법칙은 원래 명제에 관한 것이다. 드모르간이 기호를 사용해 명제를 수학적으로 바꾼 것인데, 이것이 집합의 연산에도 적용되었다. 명제는 참, 거짓을 명확하게 판별할 수 있는 문장을 말한다. 이를테면 '사람은 동물이다' '대한민국의 수도는 서울이다'는 참인 명제이고 '고래는 물고기다' '3은 짝수다'는 거짓인 명제이다. 그런데 '영화는 재미있다' '오늘은 날씨가 좋다'와 같은 문장은 '재미있다', '좋다'는 말의 참, 거짓을 명확히 판별할 수 없으므로 명제가 아니다.

기호를 사용해 명제를 나타내면 참, 거짓을 논리적으로 판별할 수 있다. '사람은 동물이다' '5는 소수이다'와 같이 명제 'p이면 q이다'를 기호 $p \rightarrow q$로 나타낸다. 이때 p를 가정, q를 결론이라고 한다.

사람 → 동물   5 → 소수
(가정) (결론)   (가정) (결론)

명제 $p \rightarrow q$가 참일 때 $p \Rightarrow q$로 나타내고 p를 q이기 위한 충분조건, q를 p이기 위한 필요조건이라고 한다. 만약 $p \Rightarrow q$이고 $q \Rightarrow p$가 성립할 때는 기호 $p \Leftrightarrow q$로 나타내며 p, q는 서로 '필요충분조건'이라 한다. 이를테면 '대한민국의 수도는 서울이다'라는 명제에서는 대한민국의 수도는 서울이고, 서울은 또한 대한민국의 수도이므로 서로 필요충분조건이 성립한다.

$$p \;\Rightarrow\; q \qquad\qquad p \;\Leftrightarrow\; q$$
(충분조건) (필요조건)   (필요충분조건)

어떤 명제를 부정할 경우에는 '아니다'라고 하면 된다. 예를 들어 '5는 소수이다'의 부정은 '5는 소수가 아니다'가 된다. 즉 어떤 명제 p를 부정하는 명제는 'p가 아니다'라고 하며 기호로 $\sim p$로 나타낸다. 여러 문장이 있는 명제일 경우에는 '그리고'와 '또는(이거나)'으로 나타낸다.

드모르간은 어떤 명제 p, q가 있을 때 'p 또는 q'의 부정은 'p도 아니고 q도 아니다'라고 하고, 'p 그리고 q'의 부정은 'p가 아니거나(또는) q가 아니다'라는 법칙을 만들었다. 이 드모르간의 법칙을 기호로 나타내면 다음과 같다. 이때 '또는'을 기호 $\vee$로, '그리고'를 기호 $\wedge$로 나타낸다. 명제가 같음은 '동치'라고 하며 기호 $\equiv$로 나타낸다.

$$\sim(p \vee q) \equiv \sim p \wedge \sim q$$
$$\sim(p \wedge q) \equiv \sim p \vee \sim q$$

이와 같은 명제에 관한 드모르간의 법칙이 집합에 적용되었다. 즉 명제의 부정 '~'는 여집합으로, 명제에서 '또는(∨)'은 합집합 기호 ∪로, '그리고(∧)'는 교집합 기호 ∩로 적용된 것이다.

이처럼 드모르간은 수학에서 기호를 사용해 논리 체계를 세우는 데 기여했다. 그 뒤 1913년 영국 수학자 화이트헤드와 러셀이 『수학 원리』

지식박스　　　　　　　　　　　이발사의 역설

영국의 수리논리학자 러셀은 '이발사의 역설'이라는 문제를 만들었다. "이발사가 한 명 있는 마을의 이발사는 스스로 면도하지 않는 사람들만 면도를 해 주고 그러지 않는 사람은 면도를 해 주지 않는다. 그렇다면 이 이발사의 면도는 누가 할까?"

이발사는 과연 자신의 면도를 할 수 있을까? 그가 직접 면도를 한다면 '스스로 면도하는 사람'에 속하게 되므로 그는 자신의 면도를 하면 안 된다. 또 그가 직접 면도를 하지 않는다면 그는 '스스로 면도하지 않는 사람'에 속하므로 그는 자신의 면도를 할 수 있다. 여기에서 이발사는 자신의 면도를 할 수도, 안 할 수도 없는 모순이 발생한다.

이 역설을 통해 집합론에서 자신을 원소로 포함하지 않는 집합을 다룰 때 논리적 모순이 제기되었다. 예를 들어 자신을 포함하지 않는 모든 집합들의 집합 S가 있다면 S는 자신의 원소가 아닌 동시에 자신의 원소가 아니지도 않다. 즉 집합 S가 자신을 포함하지 않는다면 집합 S의 조건을 만족하는 것이 되므로 S의 원소가 될 수도 있는 것이다. 이 역설은 초기 집합론에 큰 영향을 주어 집합론이 더 엄밀하고 명료하게 다듬어지는 계기가 되었다.

를 완성하여 현대 수리논리학의 체계를 확립했다. 이 책은 20세기의 가장 중요한 수학 저작물로 꼽히며 집합론의 발전에 기여했다.

집합론, 20세기 수학을 새로 열다

집합론은 오늘날에는 상식이 된 수학 이론이다. 특히 집합론을 통해 '무한'이라는 개념이 수학에 쓰이고 무한집합을 이해할 수 있게 되었다. 독일의 수학자 힐베르트는 "무한이라는 주제가 인간 정신에 가장 심오한 감동을 주었다."라고 말했다. 그러면서 칸토어의 무한집합 연구를 "수학적 사고가 빚어낸 가장 놀라운 결과물"이라고 극찬했다. 힐베르트는 무한의 신비한 성질을 설명하기 위해 '힐베르트의 무한 호텔'이라 불리는 역설을 만들었다.

이 역설에서 힐베르트는 객실이 무한개 있는 '그랜드 호텔'을 제시했다. 무한개의 방이 꽉 찼는데 손님이 더 왔다면 어떻게 할까? 힐베르트는 그랜드 호텔에서는 손님을 얼마든지 더 받을 수 있다고 말한다. 새로 온 손님에게 1호실을 주고 1호실 손님은 2호실로, 2호실 손님은 3호실로 계속 옮기면 된다. 즉 n호실 손님을 $n+1$호실로 옮기는 방식이다.

다른 방법도 있다. 1호실 손님을 2호실로, 2호실 손님을 4호실로… 이렇게 짝수 번호의 방으로 옮기고, 새 손님은 1호실, 3호실, 5호실…로 홀수 방으로 들어가게 한다. 즉 n호실 손님을 $2n$호실로 옮긴다. 이렇게 하면 방이 무한개인 그랜드 호텔은 손님을 무한 명 더 받을 수 있다. 이를 통해 힐베르트는 무한집합도 일대일 대응 방법으로 셀 수 있다고 했다.

$$
\begin{array}{ccccccc}
1 & 2 & 3 & 4 & \cdots & n \\
\downarrow & \downarrow & \downarrow & \downarrow & & \\
2 & 4 & 6 & 8 & \cdots & 2n
\end{array}
$$

힐베르트는 수학의 완전한 공리 체계를 세우기 위해 노력했고 수학의 발전을 위해 열정을 쏟았다. 그는 "우리는 반드시 알아야 하고, 알게 될 것이다."라는 말을 남겼다. 그리고 20세기를 여는 수학의 발전 방향을 제안했다. 1900년 파리에서 열린 20세기 첫 세계수학자대회에서 힐베르트는 '20세기에 해법을 찾는 데 주목해야 할 중요한 수학 문제' 23가지를 제시했는데 이는 '힐베르트의 23가지 문제'로 불린다. 힐베르트는 그 첫 번째 문제로 칸토어의 집합론에 관한 이론('연속체 가설')을 제기했다. 집합론 문제는 수학의 공리 체계를 세우는 데 반드시 해결해야 할 중요한 문제였다.

실제로 칸토어의 집합론은 20세기에 정수론, 수리논리학, 위상수학, 현대대수학 등 많은 영역에 적용되었다. 집합을 적용하면서 수학의 개념과 정의도 새로워졌다. 예를 들어 '두 변수 사이의 관계'로 정의되던 함수는 20세기에 '두 집합 사이의 대응 관계'로 다시 정의되었다. 즉 두 집합 X, Y에 대하여 X를 정의역, Y를 공역으로 하고 두 집합의 원소를 하나씩 대응시켜 'X에서 Y로의 함수'가 성립한다고 정의했다. 이와 같이 20세기에 대부분의 수학이 집합론에 기초해서 새로 전개되었다. 학교에서 배우는 수학 내용도 집합론을 기초로 다시 다듬어졌다. 지금 우리는 집합을 통해 수의 체계와 분류, 포함 관계, 연산에 관한 기본 법칙 등 수학의 기초 개념과 내용을 체계적으로 배운다.

현대 수학은 집합론을 통해 수학의 완벽한 개념을 정립하고 모순이 없는 공리 체계를 구축하고자 했다. 이것은 수학의 근간에 대해 문제를 제기하는 계기가 되었다. 20세기 수학자들은 "수학은 무엇인가?" 하는 근원적 질문을 하며 수학의 진정한 의미를 찾고자 했다. 이들 수학자들은 수학이 철저한 논리적 기반 위에서만 가능하다고 주장하거나, 인간의 자유로운 사유를 통해 직관적으로 만들어진다고 말했다. 또는 수학은 형식적으로 모순이 없는 증명을 통해 존재한다고도 주장했다. 이로부터 20세기에 3가지 수학 사조가 출현하여 논리주의, 직관주의, 형식주의 학파를 만들었다. 러셀과 화이트헤드, 힐베르트, 괴델 등이 이들 학파를 개척하고 수학의 근간에 대한 논쟁을 이끌었다.

그중 오스트리아 출신 수학자 괴델은 '아무리 엄밀하고 논리적인 수학 공리 체계라도 증명할 수 없거나 반증할 수 없는 문제가 있으므로 산술의 기본 공리들이 모순이 없음을 증명할 수 없다'는 '불완전성 정리'를 발표했다. 완벽하고 모순이 없다고 여기던 수론의 기본 공리도 모순될 수 있다고 말한 것이다. 1931년에 발표된 이 괴델의 정리는 모순이 없는 수학의 공리 체계를 만들려는 수학자들에게 충격을 주었고 20세기 수학에 큰 영향을 주었다. 그 뒤 수학자들은 수학의 공리를 세우거나 융합적인 측면을 연구하기보다는 수학의 세밀하고 좁은 영역

↑ 힐베르트   ↑ 괴델

의 문제를 구체적으로 연구하는 일에 더 몰두하게 되었다.

괴델의 이론은 현대 사회에 철학적 파급력이 컸다. '불완전성 정리'는 수학을 넘어 물리학, 생물학 등 과학 분야와 철학, 경제학, 사회학, 법학 등에도 영향을 주었다. 물리적 현상을 정확하게 측정하는 것이 불가능하다거나, 사회 문제에 관한 판단이나 법적 판결이 완벽할 수 없다는 이론을 뒷받침하기도 했다. 또 어떤 분야의 이론이 완벽하지 않을 수 있으며 하나의 답에 도달할 수도 없음을 일깨워 주었다. 괴델은 말년에 (많은 위대한 수학자가 그랬듯이) 신경 쇠약과 망상으로 고생했는데, 독살을 두려워하며 식사를 거부하다 1978년 숨졌다. 1999년, 괴델의 불완전성 정리는 20세기 수학에서 최고의 발견으로 선정되었다.

집합과 혈액형 분류

사람의 혈액형은 ABO식 분류에 따라 4가지로 나뉜다. A형, B형, AB형, O형이 있는데 적혈구에 있는 항원에 따라 나눈 것이다. 항원을 A와 B로 구분하여 A 항원만 가진 경우, B 항원만 가진 경우, 둘 다 가진 경우, 아무 항원도 없는 경우, 이렇게 4가지로 나누어 분류했다. 이와 같은 ABO식 혈액형을 집합으로 표현할 수 있다.

A 항원만 가진 사람들의 집합 A, B 항원만 가진 사람들의 집합 B가 있을 때 혈액형 사이의 관계를 벤 다이어그램으로 나타낼 수 있다. A형은 집합 A에서 집합 A와 집합 B의 교집합을 뺀 부분이고, B형은 집합 B에서 교집합을 뺀 부분이다. AB형은 두 집합 A와 B의 교집합 부분이고, O형은 두 집합 A, B 중 어느 집합에도 속하지 않으므로 합집합을 뺀 여집합 부분이 된다.

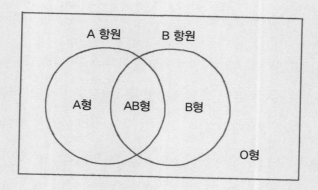

ABO식 혈액형은 1901년 처음 개발되었는데 현미경으로 혈액의 응

집 반응을 관찰하여 혈액형을 분류했다. 혈액을 섞었을 때 적혈구가 모여서 덩어리가 지는 응집 반응이 일어나는 것이다. 혈장에 있는 항체가 적혈구를 응집시키는 물질인 응집소를 가지고 있기 때문이다. 이 항체에는 α, β 유형이 있으며 이것이 적혈구에 있는 A, B 항원과 반응하여 혈액이 덩어리지게 한다.

이 응집 반응을 바탕으로 혈액을 구분한다. 즉 A형에는 A 항원과 β 항체가 들어 있고, B형에는 B 항원과 α 항체가 있다. AB형은 A와 B 항원이 있고 항체에 응집소가 없다. 또 O형은 항원에 응집원이 없고 α, β의 2가지 항체가 있다. 이렇게 8가지 경우가 있다.

혈액형	A형	B형	AB형	O형
항원(응집원)	A	B	A, B	없다
항체(응집소)	β	α	없다	α, β

만약 A형 혈액을 가진 사람에게 B형 혈액을 수혈하면 혈액의 항원 항체 반응으로 혈액에 응집 현상이 일어나 수혈받은 사람은 사망한다. 따라서 수혈은 혈액형이 같은 사람끼리 가능하다. O형은 항원이 없으니 A, B, AB, O형 모두에게 수혈할 수 있다. 이런 사실이 알려지기 전까지는 외과 수술을 받다가 과다 출혈로 사망하거나 다른 사람의 혈액을 수혈받고 사망하는 경우가 많았다.

14 컴퓨터

이진법의 디지털 세상을 만들다

010101010101
101010101010
010101010101
010101010101
101010101010
010101010101

⑭ 튜링 머신, 암호를 풀어라!

010101010101010101010101010101010101010101010101010101010101
010101010101010101010101010101010101010101010101010101010101
101010101010101010101010101010101010101010101010101010101010
010101010101010101010101010101010101010101010101010101010101
101010101010101010101010101010101010101010101010101010101010
010101010101010101010101010101010101010101010101010101010101
101010101010101010101010101010101010101010101010101010101010
010101010101010101010101010101010101010101010101010101010101

1940년대 2차 대전, 영국의 암호 해독 사령부.
튜링을 비롯한 수학자들이 난해하기로 유명한
독일의 암호 체계 '에니그마'를 풀기 위해 고군분투한다.

으악, 또 암호가 바뀌었어.
에니그마 체계가
암호를 매번 바꾸고
있어.

털썩~

자 자, 허탈하겠지만
조금 더 힘내 보세!

빠른 자동 계산 기계를
만들면 돼.
처리 속도를 더 빠르게 한다면
성공할 수 있어.

경우의 수가 너무 복잡해서 이것을 다 풀려면
2000만 년도 넘게 걸릴 걸세….

에니그마

우리는 끝내 적의 공격을 막지 못할 거야.
아무래도 이 미션은
성공할 수 없겠어.

2000만 년의 시간을
20분으로 단축한다면 가능하지!

알고리즘을 다시 만들어
데이터 처리 속도를 높이는 방법을 찾아보자.

그게
되겠니?

일단
화이팅!

튜링의 확신에 찬 말에 수학자들은
다시 암호를 풀기 시작했다.

튜링은 마침내 암호 해독 기계를 만들어

우리가 드디어
해냈다!

에니그마를 풀어냈고,

오케이!

영국은 전쟁에서 승리했다.

이 튜링의 기계가 현대 컴퓨터의 원형이 되었다.

할아버지,
안녕하세요!

> 기계는 사고할 수 있는가?
> 이것이 나의 질문이다.
>
> 👤 앨런 튜링, 20세기 영국의 수학자

튜링의 컴퓨터가 탄생하다

컴퓨터는 영국의 수학자 앨런 튜링이 이론을 만들고 기계를 제시했다. 튜링은 주어진 계산 방법과 처리 순서에 따라 순차적으로 논리 조작을 실행하는 장치를 고안했다. 그는 이 기계가 어렵고 복잡한 계산을 빠르고 정확하게 수행할 수 있다고 했다. '튜링 머신'으로 불리는 이것을 기초로 현대 컴퓨터의 원형이 된 **디지털 컴퓨터**가 탄생할 수 있었다.

컴퓨터 이론의 창시자 튜링은 1912년 영국 런던에서 태어나 케임브리지대학에서 수학을 전공했다. 수리논리학 분야를 연구하면서 1936년 컴퓨터 이론의 기초가 되는 논문 「계산 가능한 수와 결정할 문제의 응용」을 썼다. 이 논문에서 자료의 저장량에 제한받지 않고 오류를

디지털 컴퓨터 ✏️

디지털은 이진법같이 특정한 자릿수의 값으로 나타내는 것을 말한다. 그리고 디지털 컴퓨터는 정보를 모두 숫자로 나타내 처리하는 컴퓨터이다. 현대 컴퓨터는 전자 회로를 이용한 디지털 방식의 컴퓨터이다.

범하지 않으며 계산을 자동으로 실행하는 기계 장치를 이론적으로 정의했다.

튜링의 이론은 1940년대부터 출발한 디지털 컴퓨터 이론의 기초가 되었다. 튜링이 만든 알고리즘 방식에 따라 컴퓨터 프로그램 이론을 만들고 실행하는 것이다. **알고리즘**은 문제 해결에 필요한 단계적 계산 방법이나 조작의 처리 순서를 말한다. 알고리즘의 처리 순서를 알기 쉽게 그림으로 나타낸 것이 순서도다. 초기 컴퓨터 프로그래밍 과정에서는 이런 알고리즘 단계를 거쳐 수학적 결과를 얻었다.

튜링은 제2차 세계 대전 동안 영국 정부의 암호 해독 사령부에서 일했다. 2차 대전은 '암호 전쟁'으로 불릴 만큼 암호를 만들거나 푸는 데 치열했는데 특히 그중에서도 독일의 암호 체계는 난해하기로 유명했다. 튜링은 정수론 수학자들로 구성된 팀을 이끌고 독일의 암호를 푸는 해독기를 만드는 데 성공했다. 독일의 암호를 빠르고 완벽하게 해독한 덕분에 영국군은 전쟁에서 승리할 수 있었다. 튜링은 영국의 훈장을 받고 전쟁 영웅이 되었다.

⋮ 컴퓨터 기계를 처음 창안한 앨런 튜링.

전쟁이 끝난 뒤 튜링은 자동 계산 기계인 거대한 디지털 컴퓨터를 설계해 제작했다. 하지만 튜링의 연구는 지속되지 못했다. 그가 영국의 군사 기밀을 많이 알고 있었던 탓에 오랫동안 정부의 감시를 받은 데다 동성애를 이유로 처벌도 받았기 때문이다. 결국 1954년 튜링은 스스로 생을 마감했다. 숨을 거둘 때 그의 머리맡에는 '한 입 베어 먹은 사과'가 있었다.(이는 나중에 한 컴퓨터 회사의 상표에 응용되었다.) 초기 컴퓨터의 제작과 프로그램 기술에서 튜링의 역할은 아주 컸기 때문에 튜링은 컴퓨터의 아버지로 불리게 되었으며 컴퓨터 분야의 노벨상으로 불리는 '튜링상'도 제정되었다.

튜링의 마지막 연구는 인공 지능에 관한 것이었다. 그는 '생각하는 컴퓨터'를 제안하면서 기계의 생각도 사람의 생각과 비슷해지게 할 수 있다고 했다. 기계가 인간을 모방하는 시스템인 '이미테이션 게임'을 통해 기계가 지능을 가졌는지를 판단할 수 있다고 했다. 그리고 이를 위해 '튜링 테스트'라는 개념도 만들었다. 이 주제에 대한 튜링의 논문은 오늘날 인공 지능 연구의 기초로 인정받는다.

··→ 튜링이 만든 암호 해독 기계를 복원한 '봄베'.

디지털 컴퓨터와 이진법

컴퓨터의 발명은 계산을 자동으로 수행하는 기계를 만드는 것에서 시작되었다. 자동 계산 기계를 최초로 고안한 사람은 19세기 영국의 수학자 배비지이다. 배비지는 로그표 같은 복잡한 계산을 빠르고 정확하게 수행하는 기계를 만들었다. 그 뒤 현대 컴퓨터의 전신이 될 수 있는 미분 기계를 1830년대에 제작하려 했으나 재정 부족으로 만들지 못했다.

배비지 기계의 특징은 계산 과정에서 수를 기억하는 저장 기능과, 연산 작용을 수행하는 계산 기능을 분리하는 것이다. 즉 기억 저장 장치와 계산 실행 장치를 분리한다. 또한 배비지는 입력과 산출 장치를 만들고 출력 프린터를 갖춘 전자동 기계를 설계했으며 이것이 증기 기관에 연결되도록 했다.

이와 같은 배비지 기계는 19세기 후반 카드에 구멍을 뚫어 숫자를 표시하는 천공(펀치) 카드시스템으로 개발되었다. 이 시스템은 1890년 미국에서 실시한 인구 조사에 처음 사용되었는데 이전의 어떤 장치보다도 훨씬 빠르고 정확하게 집계를 해내며 위력을 발휘했다. 그 뒤 천공 카드시스템은 20세기에 광범위하게 사용되었다.

현대 디지털 컴퓨터는 2차 대전 중 튜링과 동료들이 만든 전자식 암호 해독기 '콜로서스'에서 출발한다. 곧이어 1946년 미국의 수학자들이 전자식 디지털 수학 적분 계산기 '에니악(ENIAC)'을 만들었고 이는 세계 최초의 전자식 컴퓨터로 인정받고 있다. 에니악은 원래 **탄도**표를 만드는 데 필요한 계산을 하기 위해 개발되었다. 0.0002초 만에 계산을

탄도 🖉

탄환처럼 발사된 물체가 포물선을 그리며 가는 것. 이를 연구하는 학문을 탄도학이라 한다.

···▶ 배비지 엔진. 찰스 배비지 탄생 200년을 기념해 배비지의 미분 기계(차분 엔진)를 제작했다.

···▶ 세계 최초의 전자식 디지털 컴퓨터 '에니악'.

수행하는, 당시로는 경이로운 계산 속도였는데 그 덕분에 20시간이 걸리던 계산 시간이 30초로 줄었다고 한다.

에니악은 진공관 스위치를 이용해 이진수를 나타내기 때문에 진공관 17000개와 레지스터 70000개, 스위치 6000개가 필요했다. 그래서 2.4m 높이에 무게가 30t으로, 커다란 방 하나를 차지할 정도였다. 그런데 불과 몇 년 뒤 에니악의 10분의 1 크기에 메모리 용량은 25배인 컴퓨터가 만들어졌다. 수학자 노이만이 프로그램 기억 방식을 고안해서 고속 디지털 컴퓨터를 제작한 것이다.

오늘날의 컴퓨터는 노이만이 발명한 프로그램 기억 방식을 따른다. 내부 기억 장치에 정보를 저장하는 방식인데, 데이터를 입력하면 처리해서 저장하고 산출해서 출력한다. 초기 컴퓨터의 진공관이 트랜지스터로 바뀌고 반도체가 도입되면서 컴퓨터가 소형화, 고성능화되었다. 그리고 마침내 하나의 칩으로 된 마이크로컴퓨터가 실현되고 개인용 컴퓨터가 만들어졌다.

컴퓨터는 라이프니츠가 발명한 **이진법** 원리를 바탕으로 한다. 0과 1의 이진법을 이용한 전기적 조작으로 작동하는 것이다. 즉 전원이 on 혹은 off 되었을 때의 2가지 상태만을 감지하는데 전등에 불이 켜지면 1, 불이 꺼지면 0으로 나타낸다. 이진법 체계로 정보를 저장하고 처리하는 것이다.

on	off
1	0

컴퓨터의 최소 단위인 '비트(Bit)'는 이렇게 0 또는 1을 나타내는 하나의 단위를 말한다. 1개의 비트는 단순히 2가지 상태만을 나타낸다. 2개의 비트를 쓰면 4가지($2 \times 2 = 2^2$) 상태를 나타낼 수 있다.

이진법 🖉

이진법은 자리가 하나씩 올라감에 따라 2^1, 2^2, $2^3 \cdots$으로 자릿값이 2배씩 커지도록 나타내는 방법이다. 이진수 $101_{(2)}$은 $5(1 \times 2^2 + 0 \times 2^1 + 1)$이다.

이진법	00	01	10	11
십진법	0	1	2	3

8개의 비트를 모으면 또 하나의 단위인 '바이트(Byte)'가 된다. 8비트는 모두 256(2^8)개의 서로 다른 상태를 표현할 수 있다. 컴퓨터에서는 주로 8비트, 즉 1바이트를 사용하여 하나의 문자를 나타낸다. 이를테면 영문자 A와 숫자를 나타낼 때 1바이트로 표시할 수 있다. 한글의 경우 2바이트를 사용하여 하나의 글자를 나타낸다.

다음과 같이 영문자 'A', 한글 '가'를 나타낼 수 있다.

$$01000001 = A \qquad 01100101 \quad 01100101 = 가$$
$$\text{(1Byte)} \qquad\qquad \text{(2Byte)}$$

2^{10}(1024)바이트는 10^3(1000)에 가까운 값이 되므로 1킬로바이트라고 하고, 10^6(100만)을 1메가바이트, 10^9(10억)을 1기가바이트라고 한다.

$$2^{10} = 1킬로바이트(10^3)$$
$$2^{20} = 1메가바이트(10^6)$$
$$2^{30} = 1기가바이트(10^9)$$

정보 통신 기술(IT)의 발전으로, 메가와 기가의 시대를 넘어서 이제 테라(10^{12}), 페타(10^{15})의 시대를 향해 가고 있다.

컴퓨터는 소프트웨어와 하드웨어가 분리되면서 수학에서 벗어나 새로운 학문 분야를 이루어 기술 발전을 해 왔다. 이제 컴퓨터는 계산기,

정보 처리기를 넘어 통신, 그래픽, 영상과 접목되어 발전하고 있다.

컴퓨터와 현대 수학

컴퓨터는 실용적인 목적에서 복잡한 계산을 하거나 암호를 해독하기 위해 발명되었다. 그리고 수학 방정식 풀이를 비롯해 필요한 계산을 실행하기 위해 알고리즘을 만들며 발전해 왔다. 지금은 수많은 알고리즘을 계산, 처리하는 수학 소프트웨어가 개발되었고 프로그램으로 표와 그래프도 그릴 수 있게 되었다.

그동안 컴퓨터는 수학의 발전에 기여해 왔다. 컴퓨터는 어려운 방정식을 놀랍도록 빠르게 풀고 무한히 반복 계산해야 하는 복잡한 함수도 간단히 구하여 그래프를 그린다. 오랜 세월 풀리지 않던 수학 문제를 컴퓨터가 해결하기도 했다. 이제 컴퓨터는 수학 연구와 활동에 없어서는 안 되는 도구가 되었다.

특히 20세기 중반 이후에 새로 나온 수학 이론들은 컴퓨터와 상호 작용하며 발전했다. 컴퓨터를 사용하면서 나비 효과와 카오스 이론, 프랙털 기하학 같은 수학 이론이 나올 수 있었다. 1963년 미국의 수학자이자 기상학자인 로렌츠는 컴퓨터를 사용해 기상 현상을 수학적으로 분석하는 과정에서 나비 효과를 발견했다. 이것은 초기의 미세한 조건이 시간이 지남에 따라 점점 커지며 나중에 커다란 결과를 가져온다는 이론이다. 로렌츠는 나비 한 마리가 날갯짓을 하면 수천 킬로미터 떨

카오스 🖉

우주가 발생하기 이전의 혼돈
과 무질서의 상태를 일컫는다.

어진 곳에서 폭풍을 일으킬 수 있다고 설명했다.

카오스 이론은 매우 불규칙적이고 예측 불가능한 현상에서 규칙을 찾아 예측하는 것이다. 예를 들어 공장에서 나온 연기가 공중에서 무질서하게 흩어지는 현상, 전염병이나 방사능이 퍼지는 현상, 회오리바람과 태풍, 황사와 미세 먼지가 일어나는 것을 컴퓨터를 사용해 카오스 이론으로 풀고 예측 가능한 패턴을 발견한다.

1975년 수학자 망델브로에 의해 탄생한 프랙털 이론 역시 컴퓨터 덕분에 나올 수 있었다. 컴퓨터로 매우 복잡한 구조의 함수를 다루고 기하학적 그래프를 그려 내는 것이다. 무한 반복 계산 과정을 거쳐 자기 닮음(자기 유사성)을 갖는 복잡한 도형이 만들어지는 것을 '프랙털'이라고 한다. 그 모양 자체는 해안선, 눈송이, 브로콜리 등 자연에서도 볼 수 있다. 우리 몸의 세포와 혈관이나 허파꽈리, 뇌의 주름도 프랙털 모양을 이룬다. 프랙털 이론으로 은하계의 집단 분포를 나타낼 수 있고, 해류 현상이나 에너지가 퍼져 나가는 모양도 프랙털 그래프로 분석할 수 있다.

특히 프랙털 기하학으로 아름다운 자연을 더 정확하게 표현할 수 있다. 해안과 산의 지형, 햇빛과 구름, 번개, 불꽃 등 자연의 모습을 프랙털 그래프로 세밀하게 나타낸다. 그래서 프랙털 이론은 컴퓨터

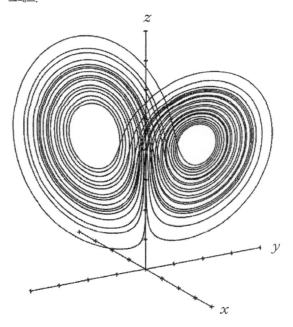

↓ 로렌츠가 기상 분석 방정
식에서 발견한 나비 모양의
그래프.

'망델브로 용'으로 불리는 함수 그래프. 컴퓨터로 무한 반복 계산 과정을 거쳐 자기 닮음의 프랙털 도형이 된다.

그래픽에 크게 응용되고 있다. 자연계의 복잡한 풍경을 컴퓨터 그래픽으로 실물과 똑같이 묘사할 수 있어서 영화의 배경 화면이나 애니메이션 작품에 이용된다.

현대 사회의 예측하기 어려운 현상들도 프랙털 기하학으로 계산하여 표현하고 그래프를 그려 분석한다. 프랙털 그래프로 재정, 금융, 주식 등 경제 현상을 파악할 수 있으며 면역 체계, 환경 오염, 여론 변화

밀레니엄 시대를 여는 2000년, 미국의 클레이수학연구소가 21세기 수학의 발전에 큰 영향을 줄 대표적인 미해결 문제 7가지를 선정했다. '밀레니엄 수학 문제'로 불리는 이 7가지는 리만 가설, P 대 NP 문제, 버츠와 스위너톤 다이어 추측, 호지 추측, 나비어 스토크스 방정식, 양 밀스 이론과 질량 간극 가설, 푸앵카레 추측이다. 이 문제들은 오랫동안 풀리지 않은, 수학의 중요한 기본 문제들로 많은 수학자가 해결하려고 노력해 왔다.

2002년 러시아의 수학자 페렐만이 드디어 그중 하나인 푸앵카레 추측을 풀었다. 푸앵카레 추측은 1904년 프랑스의 푸앵카레가 증명 없이 제시한 추론을 말한다. 이 문제는 3차원 다양체(위상 공간)에 관한 중요한 이론으로 우주의 모양을 다루는 것과도 관련이 있다. 페렐만은 푸앵카레 추측을 증명한 뒤 웹 사이트에 올리는 특이한 방식으로 세상에 알렸다. 논문에 대한 철저한 검증이 진행된 후 페렐만은 푸앵카레 추측을 푼 수학자로 인정받았다. 이제 푸앵카레 추측은 더 이상 추론이 아닌 확고한 이론이다.

페렐만은 2006년 필즈상 수상자로 선정되었다. 그러나 필즈상 시상식에 나타나지 않았으며 클레이수학연구소의 상금 100만 달러도 받지 않았다. 페렐만은 "우주의 비밀을 풀었는데 100만 달러가 무슨 필요가 있겠는가?"라고 말한 뒤 잠적해 버려 은둔의 수학자로 불린다. 그는 수학계의 최고 대우를 거부한 채 상트페테르부르크 산속에서 버섯을 따며 살고 있다고 한다.

(왼쪽부터) 페렐만과 푸앵카레.

를 분석하고 예측한다. 이와 같이 현대 수학 이론들은 컴퓨터와 정보 통신 기술의 발달로 급속도로 발전하고 있다.

인간을 모방하는 컴퓨터, 인공 지능

수학의 이진법 원리는 현대인의 삶을 완전히 바꿔 놓았다. 튜링이 창 안한 컴퓨터는 디지털 혁명을 일으키며 인류의 눈부신 발전을 가져왔 다. 현대 사회의 모든 분야에 컴퓨터가 쓰이고 일상생활을 컴퓨터와 함 께하고 있다.

거대하던 컴퓨터는 이제 손안에 들어올 정도로 작아졌다. $1\mu m$ 크기 에 컴퓨터 한 대가 다 들어갈 정도가 되었다. 컴퓨터의 성능도 놀라운 속도로 발전을 거듭했다. 현재 개인이 사용하는 휴대폰의 컴퓨터는 과 거 1960년대 달 착륙 우주선에 사용되던 컴퓨터보다도 성능이 뛰어나 다. 다음 세대의 컴퓨터는 반도체 실리콘 회로가 아닌 다른 물질을 사 용하게 될 것이라고도 한다.

바야흐로 인공 지능 시대에 이르러 컴퓨터는 무한한 가능성을 떨치 고 있다. 70년 전 튜링이 처음 제기한 '생각하는 컴퓨터'가 마침내 인공 지능 형태로 실현된 것이다. 인간을 모방하기 위해 제안했던 튜링의 '이미테이션 게임'이 초기 인공 지능 컴퓨터의 기초가 되었다.

인공 지능은 컴퓨터가 학습과 경험 등을 통해 인간처럼 높은 지적 처 리 능력을 갖추고 일을 수행하는 기술을 말한다. 인공 지능 기술은 컴

↕ 재난 현장에서 일하는 인공
지능 로봇.

퓨터가 사람이 하던 일을 돕도록 개발되어 왔다. 사회 각 분야에서 지식 기반 소프트웨어 시스템과 학습 프로그램을 만들어 컴퓨터를 학습시킨 뒤 관련된 일을 하도록 하고 있다. 예를 들어 컴퓨터가 혈액 검사 결과를 분석해 어떤 질병이 있는지 알아내고 치료 방법을 제시한다. 영상 촬영으로 환자의 상태를 진단하고 처방을 내리기도 한다.

이제 인공 지능 컴퓨터는 사람이 쓰는 언어를 이해하는 능력과 형상을 인식하는 능력도 갖추게 되었다. 인공 지능 로봇이 사람 대신에 제품을 만들고 청소, 운전은 물론 대화도 하며 비서 노릇을 톡톡히 한다. 의사를 대신해 수술을 하는가 하면 판사를 대신해 판결도 일부 할 수 있는 단계가 되었다. 우주 탐사 같은, 사람이 직접 하기 힘든 일이나 위험한 일을 수행하기도 한다. 최근에는 사람의 관절과 근육을 대부분 재현한 인간형 로봇이 개발되어 인간의 행동까지 모방하고 있다.

미래의 컴퓨터는 어떤 형태로 만들어질까? '이미테이션 게임'이 앞으로 어떤 능력을 가지게 될지 기대와 함께 우려도 나온다. 우리가 미처 예상하지 못한 결과를 낳을지도 모른다. 인류에게 행복과 발전을 가져다주는 방향으로 나아가야 할 것이다.

인류가 처음 수를 세기 시작해 숫자를 만들고 지금의 디지털 컴퓨터와 인공 지능 기술을 실현하기까지 수학은 인류의 발전에 기여해 왔다. 수학의 역사는 인류의 역사와 함께 걸음을 맞추며 지금까지 이어져 왔다. 수학은 우리가 사는 세상을 탐구하고 이해하는 데 도움을 주었고, 사람들이 더 풍요롭고 지혜로운 생활을 할 수 있도록 쓰여 왔다.

수학자 로바쳅스키는 "아무리 추상적인 수학도 언젠가는 실제 세계에 적용되어 쓰인다."라고 말했다. 그동안 수학자가 이룩한 많은 이론이 실제로 쓰였고, 오늘날에는 과학이나 공학뿐 아니라 다양한 분야에 수학이 적용되고 있다. 지금의 수학은 매우 추상적인 단계에 도달해 있다. 학교에서 배우는 수학도 꽤 어려워 실생활과 멀게 느껴진다. 하지만 주변을 돌아보면 날씨, 게임, 지도, 영화 등 수학이 쓰이지 않는 곳이 없고 모두 우리 생활과 친숙하다. 지금 공부하는 수학이 다소 어렵더라도 언젠가는 그 위력을 발휘하게 될 것이다.

이진법의 디지털 바코드

전 세계 모든 상품에는 바코드가 있다. 바코드는 1970년대 미국의 슈퍼마켓에서 처음 사용되었고 우리나라에서는 1980년대부터 도입되어 쓰이고 있다. 바코드를 부착한 덕분에 계산대에서 기다리는 시간이 크게 줄었다. 그뿐만 아니라 바코드에 있는 생산 업체와 품목, 수량 등의 정보를 컴퓨터로 처리하게 되어 유통 과정도 빠르고 정확해졌다.

바코드는 검은색 막대 모양의 '바'와 흰색 공백의 조합으로 되어 있다. 스캐너가 바코드를 읽으면 검은색 막대는 빛을 흡수하고 흰 공백은 빛을 반사한다. 이것이 0과 1, 즉 이진법의 디지털 체계로 표현되어 문자와 숫자를 만든다. 바코드 막대들의 폭과 수에 따라 컴퓨터로 상품 정보가 처리된다.

바코드 막대의 배열은 수를 나타내는데 이 숫자는 바코드 아래쪽에 인쇄된다. 미국에서는 열두 자리 숫자를, 유럽과 우리나라에서는 열세 자리 숫자를 사용하고 있다. 우리나라에서 1988년부터 채택된 KAN(Korean Article Number) 방식에서, 처음 세 자리 숫자는 국가 코드로 우리나라는 880이고 그다음 자리의 수들은 제조업체와 상품 코드와 '체크 숫자'다. 체크 숫자는 홀수 번째 자리에 있는 수들의 합과, 짝수 번째 자리에 있는 수들의 합에 3을 곱한 수를 더한 총합이 10의 배수가 되도록 해서 정한다.

$$a_1\ a_2\ a_3 \qquad a_4\ a_5\ a_6\ a_7\ a_8\ a_9\ a_{10}\ a_{11}\ a_{12} \qquad a_{13}$$

국가 코드   제조업체   상품 코드   체크 숫자

$$(a_1 + a_3 + a_5 + a_7 + a_9 + a_{11}) + 3(a_2 + a_4 + a_6 + a_8 + a_{10} + a_{12})$$

체크 숫자란 입력 오류를 방지하기 위해 넣는 번호이다. 주민 등록 번호에도 체크 숫자를 쓴다. 열세 자리 수인 주민 등록 번호에서 앞의 여섯 자리는 생년월일이다. 그다음 여섯 자리의 수는 성별, 지역 코드, 신고 번호의 순서로 정하며 마지막 자리가 바로 앞의 수들에 따라 결정되는 체크 숫자다. 체크 숫자가 맞지 않으면 올바른 번호로 처리되지 않기 때문에 주민 등록 번호의 오용이나 위조를 방지할 수 있다.

한편 책에는 ISBN이라는 국제 표준 도서 번호가 부여되어 바코드로 들어간다. 이 번호 역시 마지막 자리에는 KAN 방식으로 구한 체크 숫자를 넣는다. 예를 들어 이 책의 ISBN은 978-89-364-7842-1인데, KAN 방식으로 계산한 값인 139가 10의 배수가 되려면 체크 숫자가 1이어야 한다.

$$(9 + 8 + 9 + 6 + 7 + 4) + 3 \times (7 + 8 + 3 + 4 + 8 + 2) = 43 + 96 = 139$$

ISBN 978-89-364-7842-1

43410 >

9 788936 478421

최근 바코드는 모양이 다양하다. 1차원의 직선으로 된 바코드를 벗어나, 가로세로 방향의 2차원 평면이나 입체적인 모양으로 개발한 바코드를 쓴다. 2차원 바코드인 QR(Quick Response) 코드가 많이 사용되는데, 흰색과 검은색을 엮은 평면

↕ 2차원 평면 QR 코드.

의 패턴으로 만들어져 더 많은 정보를 담을 수 있다. 또 초소형 칩을 상품에 부착한 '전자 태그', 즉 RFID 시스템도 쓰이고 있는데 이를 활용하면 생산에서 판매까지 전 과정의 상품 정보를 무선 주파수로 추적해서 판독할 수 있다.

사진 출처

18면 벨기에 왕립자연사박물관 소장.

19면 페루 쿠스코의 마추픽추박물관 소장.

21면 미국 컬럼비아대학교 소장.

23면 Daniel Mayer, Wikimedia Commons, "File: Egyptian Museum – Papyrus in front pond.jpg"

25면 (맨 위) Rama, Wikimedia Commons, "File: Princess Nefertiabet before her meal – E 15591 – IMG 9645–gradient.jpg" (아래 파피루스) 런던 영국박물관 소장. (아래 서기상) 파리 루브르박물관 소장.

26면 미국 메트로폴리탄미술관 소장.

29면 국립민속박물관 제공.

31면 미국 하버드대학교 소장. Wikimedia Commons, "File: TYPVS ARITHIMETICAE.png"

32면 프랑스국립도서관 소장.

44면 (위) ⓒ 안소정

51면 루카 파치올리 『신성 분할 De divina proportione』 1509.

52면 요하네스 케플러 『우주의 신비 Mysterium Cosmographicum』 1596.

54면 (위) 로마 바티칸, (아래 왼쪽) 국립중앙박물관 소장, (아래 오른쪽) 이탈리아 베네치아 아카데미아미술관 소장.

60면 최옥석, Wikimedia Commons, "File: 부석사 무량수전 (5).jpg"

63면 (아래 『기하원본』) 서울대학교 규장각연구원 소장.

73면 Njaker at the English Wikipedia, Wikimedia Commons, "File: Pythagoras 1.jpg"

75면 중국 베이징대학교 소장.

84면 ⓒ 안소정

103면 ⓒ 한국우주항공연구원(KARI)

113면 캐나다 몬트리올미술관 소장.

115면 (위) Cecioka, Wikimedia Commons, "File: Bibliotheca Alexandrina 01.jpg", (아래) ⓒ 안소정

134면 (아래) Davide Mauro, Wikimedia Commons, "File: Al–Khwarizmi sculpture in Khiva.jpg"

142면 (오른쪽) Wellcome Images, Wikimedia Commons, "File: Girolamo Cardano. Stipple engraving by R. Cooper. Wellcome V0001004.jpg"

157면 프랑스 루브르박물관 소장.

163면 Hakjosef, Wikimedia Commons, "File: 1635 Justus–Suttermans Galileo–Galilei.jpg"

176면 프랑스 베르사유궁전 소장. Q65097460, Wikimedia Commons, "File: Blaise Pascal Versailles.JPG"

177면 국립경주박물관 안압지관 소장.

183면 Wellcome Images, Wikimedia Commons, "File: Pierre Simon, Marquis de Laplace. Stipple engraving by J. Po Wellcome V0003368.jpg"

194면 (오른쪽) Eluveitie, Wikimedia Commons, "File: The Monument to the Great Fire of London.JPG"

200면 통계청 2020년 자료

217면 (왼쪽) 영국 케임브리지 렌도서관 소장, (오른쪽) ⓒ 안소정

231면 ⓒ 안소정

233면 (가운데) Мурад3иналиев, Wikimedia Commons, "File: Jean–Baptiste Mauzaisse – Gaspard Monge, Comte de Peluse (1746–1818) Château de Versailles.png"

237면 (아래) Joe deSousa, Wikimedia Commons, "File: Fontaine de lObservatoire, Paris July 2013.jpg"

241면 TimeZonesBoy, Wikimedia Commons, "File: Standard time zones of the world.png"

245면 국립민속박물관 제공.

247면 미국 항공우주국 제공.(촬영 날짜: 2012년 10월 31일)

254면 사진 촬영 Sailko, Wikimedia Commons, "File: Euler 1778.jpg"

260면 Lenore Edman from Sunnyvale, CA, Wikimedia Commons, "File: Eggbot & Klein Bottle (9420963242).jpg"

282면 Kedumuc10, Wikimedia Commons, "File: Kurt–godel1.jpg"

290면 영국 브레츨리박물관 소장.

292면 (위) 영국 런던과학박물관 소장.

297면 브누아 망델브로 『자연의 프랙털 기하학 The Fractal Geometry of Nature』, W.H. 프리먼앤드컴퍼니 1982.

298면 (왼쪽) George M. Bergman, Wikimedia Commons, "File: Grigori Perelman, 1993 (re–scanned).jpg"

300면 ⓒ KAIST

누구나 읽는 수학의 역사

숫자부터 인공 지능까지

초판 1쇄 발행 • 2020년 11월 27일
초판 5쇄 발행 • 2023년 12월 6일

지은이 • 안소정
펴낸이 • 염종선
책임편집 • 김선아
조판 • 신성기획
펴낸곳 • (주)창비
등록 • 1986년 8월 5일 제85호
주소 • 10881 경기도 파주시 회동길 184
전화 • 031-955-3333
팩시밀리 • 영업 031-955-3399 편집 031-955-3400
홈페이지 • www.changbi.com
전자우편 • ya@changbi.com

ⓒ 안소정 2020
ISBN 978-89-364-7842-1 43410